趣味农药故事

吉贵祥◎主编

经济日报出版社

图书在版编目（CIP）数据

　　趣味农药故事 / 吉贵祥主编 . -- 北京：经济日报
出版社 , 2017.12
　　ISBN 978-7-5196-0260-4

　　Ⅰ . ①趣… Ⅱ . ①吉… Ⅲ . ①农药－普及读物
Ⅳ . ① TQ45-49

　　中国版本图书馆 CIP 数据核字 (2017) 第 303631 号

趣味农药故事

作　　者	吉贵祥
责任编辑	杨保华　郭明骏
责任校对	周　骁
出版发行	经济日报出版社
地　　址	北京市西城区白纸坊东街 2 号（邮政编码：100054）
电　　话	010-63584556（编辑部）010-63588446（发行部）
网　　址	www.edpbook.com.cn
E－mail	edpbook@126.com
经　　销	全国新华书店
印　　刷	北京紫瑞利印刷有限公司
开　　本	880mm×1230mm　1/32
印　　张	3.5
字　　数	64 千字
版　　次	2018 年 2 月第一版
印　　次	2018 年 2 月第一次印刷
书　　号	ISBN 978-7-5196-0260-4
定　　价	40.00 元

编委会成员

目 录
Contents

01 世界上最早的农药——硫磺和石硫合剂 / 001

02 挽救法国酿酒业的波尔多液 / 005

03 最著名的灭虫植物——除虫菊 / 011

04 滴滴涕的是非功过 / 016

05 从化学武器到高效农药——有机磷 / 031

06 会变身的 2,4-D / 042

07 克百威的禁用之争 / 049

08 全球使用量最大的农药——草甘膦 / 055

09 苏云金杆菌——应用最广的微生物农药 / 062

10 生物导弹赤眼蜂 / 068

11 病虫害物理防治方法 / 076

12 人鼠斗争——杀鼠剂的变迁 / 082

13 人类斗蝗史 / 088

14 昆虫生长调节剂——"21 世纪的农药" / 095

15 未来农药之路 / 101

世界上最早的农药
——硫磺和石硫合剂

① 硫磺的农业应用

硫磺是无机农药的一个重要品种。商品为黄色固体或粉末，有明显气味，能挥发。生产中常把硫磺加工成胶悬剂用于防治病虫害，它对人、畜安全，不易使作物产生药害。硫磺可以用于花卉杀菌防病害，在无花果、榕树、苏铁、君子兰等进行分盆、修剪而造成伤口时，也可将硫磺粉涂抹在伤口上，可抑制伤流，防止病菌感染，促进产生新的愈伤组织；白粉病、炭疽病、黑斑病、灰霉病等病虫害的花木，在清晨叶面湿润时，喷硫磺粉末，干燥天气用硫磺粉悬浮液或石硫合剂喷雾，有很好的效果。在伤口上涂硫磺粉，防治盆栽花木因盆栽营养土结构不良、返碱、渍水，造成烂根、黄叶。

为什么硫磺能够成为古人最早发现的农药呢？最主要的原因是它们除了以化合态存在于自然界，游离态也在自然界中存在。总的说，硫元素在地壳中的丰度为0.048%。也就是说，古人可以直接在自然界中获得硫磺，所以他们在偶然中得之，又在偶然应用的情况下发现了它的杀虫、杀菌效果，因此用作农药。

图 1-1　天然硫磺遍地的埃塞俄比亚达纳吉尔凹地

② 石硫合剂

1851 年法国 M.Grison 用等量的石灰与硫磺加水水共煮制取了石硫合剂雏形——Grison 水。石硫合剂是最早通过开发得到的无机农药。在很久以前，人们就发现用硫磺水给家畜洗澡，能够治疗家畜的皮肤病，后来又发现用硫磺水和石灰乳的混合液（即石硫合剂）防治家畜的皮肤病，比单用硫磺水的效果更好。1885 年前后，又发现硫磺水和石灰乳的混合液能防治农作物害虫，特别是防治介壳虫、红蜘蛛的效果很好。

石硫合剂的主要成分是多硫化钙和硫代硫酸钙，它所以能够杀虫杀菌，是多硫化钙和硫代硫酸钙与空气中的氧气、二氧化碳、水发生化学反应后，析出的硫磺在起作用。它能够杀死棉花或果树上的红蜘蛛、果树上的害虫卵和介壳虫，能防治稻瘟病、麦类锈病和白粉病、梨叶肿病、桃褐腐病、梨锈病等。

图 1-2　制作石硫合剂

　　喷洒过波尔多液的田地，要隔半个月后才能施用石硫合剂，否则，石硫合剂中的硫会和波尔多液中的硫酸铜起化学反应，产生黑色的硫化铜沉淀，降低药液的杀虫杀菌能力。波尔多液和石硫合剂至今仍在广泛的使用着，特别是波尔多液是目前用于防治葡萄、苹果等果树病害中重要的农药品种之一。

延展阅读

石硫合剂的熬制方法

　　石硫合剂的熬制方法：石硫合剂是由石灰、硫磺、水混合后通过熬制而成的。其比例为石灰1份、硫磺2份、水20份。熬制方法：先把生石灰（选用洁白、轻质、含杂质少、成块儿的）放在锅内用少量的水消解，待充分消解成粉状后，再加少量水调成糊状，再把硫磺粉（越细越好）一小份一小份地投入石灰浆中，混合均匀后加足水，加火熬制。用搅拌棒不停搅拌。从沸腾开始计算时间，保持50分钟左右，待药液由黄色变成赤褐色（酱油色），药渣呈草绿色时停火。用4—5层纱布过滤即成原液。

挽救法国酿酒业的波尔多液

① 防偷吃葡萄的偶然发现

1882 年，法国波尔多地区发生大面积的葡萄病害，染病的葡萄藤会长霉、变白、枯萎，严重的地方甚至颗粒无收。虽然人们采用了以前常用的除虫菊、烟草和硫磺的混合剂进行喷洒，却无济于事。

一天，植物学家、波尔多大学教授米亚卢德在散步时，发现一家葡萄园虽然病害很严重，但靠近马路两旁的葡萄树却安然无恙。米亚卢德感到非常奇怪，他仔细观察路边的葡萄树，发现叶片上有蓝、白相杂的药液斑点，就问葡萄园的园工喷了什么。园工告诉他，为了防止马路两旁的葡萄被行人偷摘，他们就在葡萄树上喷洒了白色的石灰水和蓝色的硫酸铜溶液，让行人以为是喷了毒药，从而不敢偷吃葡萄。

米亚卢德顺藤摸瓜，抓住这一现象在实验室开展了研究，将石灰水和硫酸铜按不同比例混合，经过不断实验和观察，确定了防治病害的最佳配剂方案，经试用后取得了很好的效果，帮助葡萄园成功度过了危机。为了感谢波尔多那家种植园给予的启示，米亚卢德用城市的名字为这种农药命名，从此，农药

图 2-1　法国波尔多葡萄园

家族中多了一位新成员——波尔多液。时至今日，波尔多液仍被人们广泛应用于防治葡萄霜霉病、马铃薯晚疫病、梨黑星病、苹果褐斑病等多种植物病害。

② 如何配制波尔多液

波尔多液是一种保护性杀菌剂，主要由硫酸铜和石灰配制而成。石灰（CaO）和硫酸铜（$CuSO_4$）是人们很熟悉的无机化合物，都具有杀菌消毒作用。它们的作用机理都是使蛋白质变性，前者是因为生石灰遇水生成弱碱性环境，后者是因为重金属的铜离子，从而影响细菌中酶的活性。硫酸铜能溶于水，对植物易发生药害，一般不能直接施用。石灰与硫酸铜混合后，变成在水中不溶解的"盐基性硫酸铜"，可以减少硫酸铜对植物的药害。因此，石灰用量越多，对植物的安全性也越大，但它的杀菌作用也越慢，并且会污染植物。相反，石灰用量少，杀菌效力快，不易污染植物，但药害也大，对植物的附着力也差。

波尔多液的反应方程式：

$$CaO+H_2O=Ca(OH)_2$$

$$4CuSO_4+3Ca(OH)_2=3CaSO_4+Cu_4(OH)_6SO_4$$

波尔多液的配制方法有多种，应用较多的配制法是将硫酸铜（选用纯蓝色硫酸铜）和生石灰（选用优质生石灰）用等量的水化开，配成硫酸铜水溶液和石灰水，然后同时倒入第3个容器内（不能用铁器），并不停地用棒朝同一方向（顺时针或逆时针方向）搅拌均匀即成，这种方法称两液法。或者用1/10的水化开生石灰，调成浓石灰乳，用9/10的水溶解硫酸铜，配制稀硫酸铜溶液，然后再将硫酸铜溶液倒入浓石灰乳中，并不断地用木棒搅拌均匀而成，这种方法称为稀硫酸铜浓石灰法。采用这两种方法配制的波尔多液，质量好。防病效果好。

波尔多液为天蓝色胶状悬浮剂，碱性，微溶于水，有一定的稳定性，但放置过久会发生沉淀并产生结晶，从而使性质发生改变，所以必须现配现用，不能贮存。

附：常用的波尔多液配制方法

配合方式	硫酸铜（千克）	石灰（千克）	水（千克）
等量式	1	1	100
硫酸铜减量式	0.75	1	100
硫酸铜半量式	0.5	1	100
石灰倍量式	1	2	100
石灰半量式	1	0.5	100
石灰多量式	1	1.5	100

延展阅读

无机农药

波尔多液是典型的无机农药。无机农药是指农药中的有效成分属于不含碳元素的无机化合物品种，大多数由矿物原料加工而成，所以又叫矿物性农药。

- 无机农药时代：从19世纪70年代至20世纪40年代，一批人工制造的无机农药（包括氟、砷、硫、铜、汞、锌等元素的化合物）得到大力发展，成为无机农药时代。

- 最早的无机农药——石硫合剂：1851年，法国人格里森（M. Grison）以等量石灰与硫磺加水共煮制成了格里森水，石硫合剂问世。

- 第一个立法管理的农药——亚砷酸铜：1867 年，一种不纯的亚砷酸铜——巴黎绿被应用。在美国，亚砷酸铜用于控制科罗拉多甲虫的蔓延，1900 年成为世界上第一个立法的农药。

- 常见的无机农药：

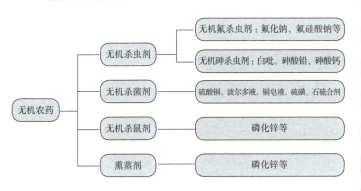

图 2-3 无机农药的主要种类

　　无机农药生产方法简单，可因地制宜，充分利用当地的资源进行制造，曾经在农药史上占据重要地位。但是，由于无机农药药效低、易产生药害，无机农药应用的品种已经很少。在一些地区使用的无机农药主要是含汞杀菌剂和含砷农药。含汞杀菌剂如升汞（氯化汞）、甘汞（氯化亚汞）等，它们会伤害农作物，因而一般仅用来进行种子消毒和土壤消毒。汞制剂一般性质稳定，毒性较大，在土壤和生物体内残留问题严重。含砷农药为亚砷酸（砒霜）、亚砷酸钠等亚砷酸类化合物，以及砷酸铅、砷酸钙等砷酸类化合物。亚砷酸类化合物对植物毒性大，曾被用作毒饵以防治地下害虫。砷酸类化合物曾广泛用于防治咀嚼式口器害虫，但也因防治面窄、药效低等原因，而被有机杀虫剂所取代。目前，仍在广泛应用的无机农药主要是波尔多液和石硫合剂。

03 最著名的灭虫植物——除虫菊

① 除虫菊的发现

　　除虫菊是一种白色的菊花，原产我国。古书《周礼》中记载有用菊花驱虫，即除虫菊的一种，中世纪时经丝绸之路传播到波斯地区（今伊朗），19世纪初期传播至达尔马提亚、法国、美国和日本。除虫菊在夏秋时节开花，花种含有除虫菊素，可致多种农业害虫死亡。人们把除虫菊干花研磨成粉，加入榆树皮粉、茶酚等成分制成蚊香，具有明显的驱蚊效果。

图 3-1 除虫菊

② 除虫菊为何能除虫?

夏夜里, 蚊虫嗡嗡, 常搅得你不能入眠。挂一顶蚊帐, 又使人憋气。如果临睡前点一盘蚊香, 那袅袅上升的青烟, 就会使蚊虫晕头转向, 倒栽葱似地跌落下来, 一命呜呼。你便可以睡一个酣甜美觉。

为什么蚊香能杀灭蚊虫? 原来, 它里面含有除虫菊的成分。除虫菊是菊科的多年生草本植物, 约有半米高, 从茎的基部抽出许多深裂的羽状的绿叶, 在绿叶之中簇拥着野菊似的头状花序, 花序的中央长着黄色的细管状的花朵, 外周镶着一圈洁白的舌状花瓣。看起来, 淡雅而别致。除虫菊在其花朵中含有 0.6%–1.3% 的除虫菊素和灰菊素, 除虫菊素又称除虫菊酯, 是一种对人毒性很低, 而杀虫能力很强的无色粘稠的油状液体。当蚊香点燃时, 除虫菊酯受热挥发到空气中, 蚊虫一遇上它就会像吸了毒气似的, 神经麻痹, 中毒而死亡。

蚊香中的除虫菊酯可以杀灭蚊虫

图 3-2

③ 除虫菊的用途

除虫菊可制成粉剂，或用有机溶剂提取杀虫有效成分，制成乳油或油剂，或制成蚊香等使用。它具有强大的触杀作用，击倒力强，杀虫作用快，不仅可以用作室内杀蚊驱蝇，对臭虫、虱子和跳蚤均有特效。它还是一种十分重要的植物性农药，可杀灭农作物和林木、果树上的害虫，还可以用于存储产品、保护公共卫生，防治动物房、家庭与农场动物的害虫和螨。

④ 除虫菊酯的发展

除虫菊是最古老的杀虫植物之一，已有160多年广泛应用的历史，得到广泛认可。天然除虫菊不但杀虫、防虫的效果好，安全性和环保性也十分突出，被公认为"最厉害的杀虫植物"。

天然的除虫菊产品具有菊花草木味，气味自然清淡宜人，所以很受青睐。在国外，家庭用的天然除虫菊杀虫产品种类非常多，气雾剂、电热片蚊香、膏剂等，用于清除室内、庭院、花园、草坪等家居环境中的卫生害虫，还可直接用于清除人的体外寄生虫。由于天然除虫菊产品昂贵，且受原料限制产量有限，它主要用于对安全、环保性要求更高的场所。

为了充分发挥除虫菊酯的优良杀虫性能，广泛应用于农作物和果树等领域，化学家们开始研究天然除虫菊素，20 世纪 40 年代终于确定了其化学结构。此后，化学家们又开始了人工模拟合成研究，1947 年由美国人成功地合成了第一个人工合成的类似物——烯丙菊酯。此后，陆续研制成功多个类似化合物，开发出一类高效、安全、新型的杀虫剂——拟除虫菊酯类杀虫剂，写下了农药发展史上的光辉篇章。

拟除虫菊酯类杀虫剂自 20 世纪 70 年代开始生产以来迅速发展，80 年代全世界的年产量达到数千吨，1984 年销售额为 9 亿美元，成为杀虫剂中一个重要的大类产品。中国在 80 年代已研制投产数个拟除虫菊酯品种，开始在农业和卫生上应用。

拟除虫菊酯类杀虫剂主要品种

　　拟除虫菊酯分天然和合成两大类，合成的有光不稳定和光稳定的。它们的化学结构较复杂，有旋光异构体或顺反式立体异构体，生产工艺的反应步骤较多，对原料质量和操作控制要求严格，是典型的精细有机合成产物。主要品种有醚菊酯、苄氯菊酯、溴氰菊酯、氯氰菊酯、高效氯氰菊酯、顺式氯氰菊酯、氰戊菊酯，戊酸氰醚酯、氟氰菊酯、氟菊酯、氟戊酸氰酯、氟氯氰菊酯、戊菊酯、甲氰菊酯、氯氟氰菊酯、呋喃菊酯、苄呋菊酯、右旋丙烯菊酯等。

滴滴涕的是非功过

① 初生于世

真正的化学农药时代是从滴滴涕的诞生开始的。

1874 年的一天，一个名叫欧特马·席德勒 (Othmar Zeidler) 的德国学生如往常一样走进化学实验室，准备练习老师上节课讲授的化学合成技术。不知是天气影响了心情，还是记忆出现了混乱，这一段时间以来，席德勒的化学合成试验总是做得不顺利，一会儿放错这种药剂，一会儿忘记了另外一种药剂的用量，这也导致他这几天的心情有些莫名的烦躁。不过，席德勒没有放弃，毕竟失败是成功之母嘛！风雨之后，才能看见灿烂的彩虹。经过了一夜安稳的睡眠，第二天，他又兴致满满地出现在了实验室，开始了一天的工作。一开始，当天的合成试验还是很顺利的，可是不知是中间哪一步骤出了差错，这次又没有合成出预想的物质。与以往不同的是，这次他合成的化合物为一种带有油脂性的淡乳白色粉粒。他好奇地打开了瓶塞，稍微嗅了嗅，瓶中散发出一丝芳香气味。这可能是一种新物质，席德勒心里想，虽然没有合成出预想的物质，但应该也可以充当老师的化学合成作业吧。当时的席德勒沉浸在作业终于

图 4-1　滴滴涕的诞生（席德勒在实验室）

完成的喜悦中，他无论如何也不会想到，就是这些小粉粒会在 60 多年后又被重新发现，然后大放异彩，改变了整个世界的害虫防治史。

② **崭露锋芒**

滴滴涕的重新发现是在 1939 年秋季，第二次世界大战也正在上演，无论是轴心国，还是同盟国，同时要面对另外一场战争，他们拥有了共同的敌人——虫媒病（通过虱子传播的伤寒，通过蚊子传播的疟疾）。当时正在瑞士嘉基（Geigy）化学公司实验室工作的化学家保罗·赫尔曼·穆勒（Paul Muller）博士在一次偶然的机会中，发现了滴滴涕具有显著的杀虫性能。他将滴滴涕用在瑞士的"马铃薯甲虫"上小试锋芒，即取得前所未有的防治效果：杀虫率达到 100%！这个结果令人振奋，紧接着穆勒将滴滴涕用来歼灭多种食叶害虫和卫生害虫时，防治效果也非常显著。穆勒将其制成用于灭杀棉铃虫、蚊蝇的杀虫剂，申请了专利。这对当时正在四处寻找有效防治害虫技术的人们来说，无疑是注入了一针兴奋剂，人们终于找到了理想中的"灵丹妙药"。这种"神药"的化学名称叫：2,2- 双（对氯苯基）-1,1,1- 三氯乙烷。后人简称滴滴涕，也就是拉丁文"二二三"三个数字各取第一个字母的缩写。

1942 年，滴滴涕被推向市场后，在卫生害虫的防治方面功不可没，为人类与虫媒病之间的斗争做出了突出贡献。意大利的疟疾病例 5 年内从每年 40 万降低到无人发病，斯里兰卡的疟疾 9 年内从每年 100 万降低到每年 17 例。第二次世界大战期间，仅仅在美国军队当中，疟疾病人就多达 100 万，这也导致传统抗疟特效药金鸡纳供不应求。抗疟成为人类生活中的一件大事。于是，滴滴涕登场了。据统计，二战期间滴滴涕至少曾帮助 5 亿人从疟疾中逃生。这些成就，令它的发明者，瑞士化学家保罗·赫尔曼·穆勒于 1948 年获得了诺贝尔生理学和医学奖。使用滴滴涕引发的生态危机在几十年后才逐渐为人们所认识——它不但不加区分地杀死了所有种类的昆虫，也使以虫为食的鸟类逐渐绝迹……

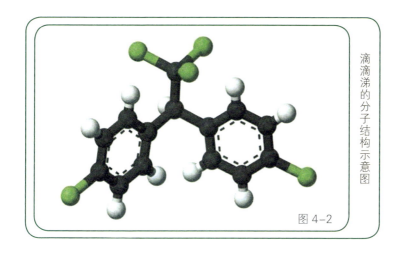

滴滴涕的分子结构示意图

图 4-2

附：保罗·赫尔曼·穆勒生平介绍

保罗·赫尔曼·穆勒，1899 年 1 月 12 日出生于瑞士索洛图恩州奥尔坦，1965 年 12 月 12 日逝世于巴塞尔。穆勒的父亲是瑞士联邦铁路的一名管理商业事物的职工。在穆勒小时候，他们住在阿尔高兰州兰兹堡，后来前往巴塞尔。穆勒在这里上了小学和中学。由于成绩糟糕，一开始穆勒未能上大学，而是当了两年的化学试验员，这段时间里，他在龙沙公司工作过。1918 年—1919 年他再次进入中学并通过了上大学的考试。从 1919 年开始他在巴塞尔大学读书，主修化学，辅修物理和植物学。1925 年他以优异成绩获得博士学位。于 1927 年结婚，育有两个儿子和一个女儿。穆勒从 1925 年 5 月 25 日开始在巴塞尔的嘉基（Geigy）公司任研究化学家。一开始他的研究内容是植物和人造染料，后来他转向人造鞣剂。1935年，嘉基公司才开始研究纺织品保护剂和农药。穆勒研制出一种不含汞的种子防霉剂。1939年秋，他认识到滴滴涕的杀虫功效。1948年穆勒因"发现了滴滴涕作为接触毒剂针对节肢动物的强烈作用"而获得了诺贝尔生理学或医学奖。直到1961年退休，穆勒始终在嘉基公司工作，从1946年开始，他为该公司的副总裁。

③ 命运转折

所谓理想的杀虫剂，一定要有几个基本的特点，首先具有极高的杀虫效率，结构稳定，不易分解，易于合成和批量生产，同时对人类还不能有太大的直接伤害（吸食除外）。据资料显示，滴滴涕正是这样一种理想中的有机物，极微量的滴滴涕即可灭杀大量的害虫；另外，滴滴涕的生产成本很低，便于大量的生产。

滴滴涕杀虫剂一经面世，立即取得了意想不到的效果，甚至在某种程度上扮演了救世主的角色。以喷雾的方式用在军人、难民、移民身上，有效地抑制了疟疾、伤寒等恶性疾病的传播。此外，将滴滴涕施用于农作物，杀虫效果也让原来的病虫害数量大幅下降，使得农业产量大幅提升，有了近乎双倍的增长。不能否认，滴滴涕的应用挽救了无数人的性命。

是的，在1962年以前，没有人会对穆勒的诺贝尔奖提出质疑，与曾经获奖的其他生理和医学奖获得者的功绩一样，穆勒的发现起到了造福人类社会的作用，这是完全符合诺贝尔奖精神的。然而，穆勒没有想到，滴滴涕的使用者和受益者们也没有想到，这一切将在几十年后被人们推翻，事情的性质近乎出现了根本性的变化，滴滴涕不再是拯救人类的天使，而是将人类生存推至一个难堪境地的元凶。穆勒的获奖也被后人称为诺贝尔奖的悲剧，转折点是一本书的问世，即众所周知的《寂静的春天》。

1962 年，美国著名的生物学家蕾切尔·卡逊（Rachel Carson）女士的惊世之作《寂静的春天》面世，书中对包括滴滴涕在内的农药所造成的危害做了生动地描写："天空无飞鸟，河中无鱼虾，成群鸡鸭牛羊病倒和死亡，果树开花但不能结果，农夫们诉说着莫名其妙的疾病接踵袭来。总之，生机勃勃的田野和农庄变得一片寂静，死亡之幽灵到处游荡……"。作为美国象征的白头海雕因滴滴涕和其他杀虫剂的毒杀濒临灭绝，世界许多地方的青蛙因滴滴涕污染而致畸形，滴滴涕使用较多的地方导致鸟类减少甚至灭绝，滴滴涕使鸟蛋的蛋壳变薄而使幼鸟大量死亡。滴滴涕不仅抑制人和生物的免疫系统，损害神经和生殖系统，而且有致癌作用。因此，此书问世引起社会各界强烈反响。这是在对当时流行的口号"向大自然宣战""征服大自然"宣战，对几千年的社会传统挑战。挑战传统，使得《寂静的春天》引发广泛质疑，作为一个学者与作家，卡尔逊所遭受的诋毁和攻击是空前的，该书出版两年后，卡逊女士即心力交瘁，与世长辞，但她所坚持的思想终于为人类环境意识的启蒙点燃了一盏明灯。由于该书的影响，时任美国总统约翰·肯尼迪要求成立调查小组调查此事，调查小组的报告很快证实了卡逊书中论题的正确性。随即滴滴涕受到美国政府的严密监控，仅在 1962 年底，就有 40 多个关于限制杀虫剂使用的提案在美国各州立法。1972 年，美国环境保护局（US EPA）正式宣布禁用滴滴涕，随后各国纷纷出台相关法律法规限制滴滴涕的生产与使用，我国也于 1983 年正式颁布滴滴涕的禁用令。滴滴涕被禁用只是一瞬间的事情，然而环境恢复如初却可能需要上百年甚至更长时间。虽然滴滴涕退出了历史舞台，但仍旧在每个人的身体乃至精神上留下难以抹去的标志。

附：蕾切尔·卡逊生平介绍

蕾切尔卡逊出生于宾夕法尼亚州，1932 年在霍普金斯大学获动物学硕士学位，随后她在美国著名的伍德豪海洋生物实验室（Woods Hole Marine Biological Laboratory）攻读博士学位。1936 年，卡逊以水生生物学家之身份成为渔业管理局第二位受聘的女性。1941 年，卡逊出版第一部著作《海风下》，描述海洋生物。1951 年出版《我们周围的海洋》，连续 86 周荣登《纽约时报》杂志最畅销书籍榜，获得自然图书奖。1955 年完成第三部作品《海洋的边缘》，又成为一本畅销书，并被改编成纪录片电影，获得奥斯卡奖。1962 年，《寂静的春天》正式出版后，成为美国和全世界最畅销的书。本书的危机思考，引起美国政府的重视，从而在 1972 年全面禁止滴滴涕的生产和使用。其后世界各国纷纷效法，目前几乎全世界已经没有滴滴涕的生产工厂了。《寂静的春天》被看作是全世界环境保护事业的开端。

图 4-3 《寂静的春天》英文版封面

④ 重新启用

目前在全世界范围内，疟疾仍然是威胁人类生命的主要杀手，如何防止疟疾一直是全球关注的重要公共卫生问题之一。在 20 世纪 70 年代之前，滴滴涕在人类抗疟疾运动中发挥着举足轻重的作用。然而随着滴滴涕的禁用，疟疾在世界各国特别是亚洲和非洲地区又有卷土重来的趋势。"1946 年，在斯里兰卡超过 280 万人死于疟疾，而到了 1968 年，这一人数仅有 17 人。但是随着滴滴涕的禁用，1968 年到 1969 年间，疟疾死亡人数迅速增至 250 万人。"

印度与斯里兰卡情况类似，而南非的情况更加不容乐观。世界卫生组织在《2013 年世界疟疾报告》中指出："在 2012 年，估计发生了 2.07 亿例疟疾病例，造成大约 62.7 万例疟疾死亡。估计仍有 34 亿人有感染疟疾的风险，多数人在非洲和东南亚。大约 80% 的疟疾病例发生在非洲。"

2013 年，全世界有 97 个国家发生了疟疾疫情，其中死亡的人群中大部分是撒哈拉以南非洲的五岁以下儿童。2006 年 12 月，世界卫生组织正式宣布在部分国家或地区可以重新使用滴滴涕。与当初被禁用的"轰轰烈烈"相比，这次滴滴涕的复出显得很低调。但是这并没有掩盖滴滴涕重新启用的意义。技术作为人类改造自然的工具，其价值的发挥在很大程度上取决于人类的主观能动性。滴滴涕对环境产生的负面影响毋庸置疑，但是通过人类主观能动性的发挥，可以在充分利用技术正面价值的同时最大限度地弱化技术负面的影响。滴滴涕虽然会对环境造成污染，但是它在防治疟疾传播方面发挥的巨大作用暂时还没有别的药物可以有效替代。目前，滴滴涕仍然是防治疟疾最简单有效的方式。

⑤ 功耶过耶？

那么，滴滴涕先后影响了人类生活百余年，功耶过耶？事实上，滴滴涕是无数种化合物中的一个，只是因其结构功能上的特殊性而被化学家提炼出来，人为地赋予它杀虫剂的身份而已。滴滴涕本身并非天使也非恶魔，它是人类智慧的结晶，是科学发展的产物。穆勒并没有做错什么，他不过本着造福人类的初衷，尽了一名化学家的职责，他与卡逊一样值得后人尊敬。由于穆勒本身认知上的局限性，忽视了滴滴涕在其他领域可能造成的危害，他虽然获得了诺贝尔医学生理学奖，但他本身却是化学家，而且同时代的科学家也未能做出预见。不得不承认，滴滴涕从产生到被禁用的几十年，就是人们对滴滴涕的认识由浅入深的一个过程，之前对滴滴涕的滥用，主要就是源于对农药的性质认识不足。在我们以滴滴涕与自然对弈的过程中，我们一度认为获得了驾驭自然、主宰自己生存命运的能力，然后，蓦然发现，滥用这种能力的后果我们竟然无法承受，只有深深的伤痕在提醒我们敬畏自然、尊重科学的重要性。如何和谐地与自然共存，如何更好地依靠高科技力量

滴滴涕的是非功过

更好地生存，值得我们每个人思考。在今天，我们了解到滴滴涕正破坏着我们的家园和身心，我们不应该恐惧，也不应该失落，而是充满改善环境的勇气与信心。

延展阅读

有机氯农药

（1）有机氯农药性质

二战后，人们又相继开发了"六六六""毒杀芬""灭蚁灵"等诸多品种的高效有机氯杀虫剂，其具有以下特点：①性质稳定，在自然界和动植物体内不易降解。②具有强脂溶性，因此在高等动物体内易于积累。③对昆虫具有神经系统的毒性。

有机氯农药由于其难以降解的特性，可以长时间存在于环境中，并随着各种途径进行迁移。疏水亲脂特性使得有机氯农药在水体中的含量较低，大部分被水体中的悬浮颗粒物质吸附，并由生物吸收而富集于生物体中，在沉积物中的含量往往是水中含量的几百甚至上千倍。

（2）有机氯农药发展历程

1969 年，美国癌症研究所用 140 种有机氯农药对鼠类进行了试验，证明这类农药对鼠类致癌率很高，因此发达国家在 20 世纪 70 年代开始禁止使用这种高残留的农药，然而，当时我国所采用的农药中有机氯农药仍占 60% 以上，并且出口到很多第三世界国家。从 1983 年开始，我国开始全面禁止生产和在农业上使用"六六六"。2009 年，中国环境保护部发布公告禁止在我国境内生产、流通、使用和进出口滴滴涕、氯丹、灭蚁灵，这标志着我国有机氯农药管理进入崭新的篇章。

（3）有机氯农药污染现状

目前，我国土壤中的有机氯农药污染仍较严重，且对农产品和人体健康的影响也在持续。有机氯农药已禁用了 30 多年，但土壤中的检出率仍很高，广州蔬菜土壤中"六六六"的检出率达到 99%，滴滴涕检出率达到 100%。太湖流域农田土壤中"六六六"、滴滴涕检出率仍达 100%，一些地区最高残留量达到 1mg/kg 以上。"六六六"和滴滴涕在鱼体中检测出的含量比土壤中高出了近 100 倍，在夜鹭、白鹭的鸟卵中含量被放大了 100—200 倍。内蒙古地区草原著名的畜牧业基地——呼伦贝尔草原优良牧草及土壤中检测出有机氯农药滴滴涕和"六六六"等，虽然含量低于国家标准，但由于其化学性质稳定，脂溶性强，它们能长期存在，对牲畜和人类造成慢性毒害。此外，有机氯农药可通过食物链危及人体健康，长期贮存在人体中。

（4）有机氯农药对人体危害

有机氯农药容易随食物链富集，在肝、肾、心等组织中蓄积，给生物和人体带来高风险。主要通过食物链进入人体，也可通过大气的迁移作用经皮肤、呼吸道进入人体。有机氯农药中毒主要是指有机氯农药引起损害中枢神经系统和肝、肾为主的疾病。急性中毒的症状为：恶心、呕吐、腹泻、中枢精神兴奋、肌肉抽搐、麻痹、昏迷，直至死亡。有机氯农药通过各种渠道进入人体后，大量积累在胸膜脂肪及皮下脂肪和内脏等部位，当积累到一定程度时，引起慢性中毒，其表现为全身无力、头痛、头晕、食欲不振、失眠、四肢酸痛、感觉迟钝、震颤引起肝、肾损害、贫血等现象，直接损害人的神经系统，破坏内脏功能，造成生理障碍，改变细胞的遗传物质，影响生殖和遗传，进而影响后代。有机氯农药的致畸作用是明显的，例如唐山震后有机氯农药高暴露增加了当地乳腺癌的发病率，宁夏女性人群调查发现有机氯暴露水平越高，患乳腺癌风险越高；对于妊娠期和哺乳期均暴露于有机氯农药的男女性在青春期生殖功能的影响调查结果显示，该类男女患前列腺、生殖器畸形等生殖功能障碍的比率较普通人群高。

（5）斯德哥尔摩公约（POPs 公约）

有机氯农药包括艾氏剂、狄氏剂、滴滴涕、六氯苯、七氯、氯丹、灭蚁灵、毒杀芬、五氯酚等都属于持久性有机污染物（简称 POPs，Persistent Organic Pollutants），它是一类具有长期残留性、生物累积性、半挥发性和高毒性，并通过各种环境介质（大气、水、生物等）能够长距离迁移，对人类健康和环境具有严重危害的天然的或人工合成的有机污染物。POPs 受到人们的重视后，国际社会开始着手制定关于治理 POPs 的公约，于是《斯德哥尔摩公约》（以下简称公约）便诞生了。

公约的全称是《关于持久性有机污染物的斯德哥尔摩公约》，又称 POPs 公约。它是国际社会鉴于 POPs 对全人类可能造成的严重危害，为淘汰和削减 POPs 的生成和排放、保护环境和人类免受 POPs 的危害而共同签署的一项重要国际环境公约。

公约于 2001 年 5 月 22 至 23 日，在瑞典斯德哥尔摩举行的全权代表大会上通过。公约的目的是，首先消除 12 种（类）最危险的 POPs；支持向较安全的替代品过渡；对更多的 POPs 采取行动；消除储存的 POPs 和清除还有 POPs 的设备；协同致力于没有 POPs 的未来。公约已于 2004 年 5 月 17 日正式在全球生效。

滴滴涕的是非功过

　　公约在正文中规定：对于有意性生产和使用产生的POPs 排放，缔约国应当禁止和消除这些化学品的生产和使用；缔约国有义务制订计划，查明 POPs 的库存量及有关废物，并采用环境无害化方式进行管理；对于新型的农药和工业化学品，缔约国应当采取措施，对具有 POPs 特性的此类化学品的生产和使用进行管制；对 POPs 的进出口仅限于特定的案例，如以环境无害处置为目的的进出口。

　　截至 2005 年 5 月，已有 151 个国家或组织签署了该公约，其中有 98 个国家或组织已正式批准了该公约。我国是公约的正式缔约方，是 2001 年 5 月 23 日首批签署公约的国家之一。2004 年 11 月 11 日，公约已正式对我国生效。

从化学武器到高效农药——有机磷

① 有机磷农药的发展历程

有机磷农药起源于有机磷化学的研究。不过，一开始并非用来研制农药，而是军用神经毒气。最后研制出高效农药，实在是因祸得福。

有机磷化学的研究早在 19 世纪末和 20 世纪初已得到广泛开展，然而它们的生物活性直到 1932 年才被 Lange 和 Keyuger 所发现，这对有机磷化合物进入实用性阶段是一个有力的促进，特别是第二次世界大战期间，1938 年起，德国法本公司的 Schrader 等在研究军用神经毒气时，系统地研究了有机磷化合物，发现许多有机磷酸酯具有强烈杀虫作用。

1941 年 Schrader 合成出第一个内吸性杀虫剂——八甲基焦磷酸酰胺（OMPA），还合成了四乙基焦磷酸酯（TEPP），并于 1944 年在德国商品化。当时这些工作都是保密的，二次世界大战后德国的秘密工业和研究被公开，其中 Schrader 的研究结果被英国军事调查委员会（BIOS）于 1947 年在 BIOS 1095 号上发表。尤其是 1944 年 Schrader 合成的代号 E605 化合物，即以其对硫磷的广谱、高效的杀虫活性，引起注目，许多公司争相投产。E605 的问世是有机磷化合物在实用上的一大突破，是农药研究中的重大成就。以 E605 为结构母体稍加修饰，许多国家合成出若干 E605 类似物，都表现出优良的杀虫活性且对哺乳动物毒性较低，如氯硫磷、倍硫磷、杀螟松等。

1950 年，美国氰胺公司合成出对哺乳动物低毒的杀虫剂——马拉硫磷，它属于二硫代磷酸酯类化合物，自此促使这类杀虫剂的研究迅速开展。

1952 年，WPerkow 发现了合成乙烯基磷酸酯的新反应，称作 Perkow 反应的这类化合物如敌敌畏、速灭磷等，具有优异的杀虫活性。

20 世纪 50 年代是有机磷杀虫剂蓬勃发展的时期，为此后的发展奠定了坚实的基础。

② 有机磷农药的性质

有机磷农药比有机氯农药容易降解，对环境的污染及对生态系统的危害和残留也都没有有机氯农药那么普遍和突出；具有药效高、品种多、防治范围广、成本低、选择性强、药害小、在环境中降解快、残留低等优点，现仍在世界范围内广泛应用，有着极为重要的地位。但其缺点是，不少品种是对人、畜毒性较高，常因使用、保存等不慎发生中毒。我国每年农药中毒人数高达数万人，其中 70% 以上是有机磷农药中毒。值得注意的是，20 世纪 90 年代，有机磷农药中毒由操作防护不当、误服、自杀等个体行为扩大到学校、厂矿、宾馆及居民群体食物中毒，危害范围不断扩大。

③ **有机磷农药的用途**

经过近 50 年的发展，有机磷农药不仅指杀虫剂，而且可包括除草剂、杀菌剂、植物生长调节剂、杀线虫剂、昆虫化学不育剂以及农药增效剂等。

A. 有机磷杀虫剂／杀线虫剂

有机磷类杀虫剂，能抑制乙酰胆碱酯酶的活性，使神经突触处释出的乙酰胆碱大量积累，阻断神经的正常传导，引起昆虫死亡。

有机磷杀线虫剂，包括酚线磷、丰索磷、虫线磷、异唑磷、克线丹、灭克磷、克线磷、甲基异柳磷、灭线磷、苯线

有机磷杀虫剂的应用

图 5-1

磷、硫线磷、噻唑磷、氯唑磷、丁硫环磷等。它们通过水分使药物扩散在土壤中，作物对其耐药性较高，可用于生长中作物。而且有机磷杀线虫剂（如硫线磷、灭线磷）残效长，具有内吸性，能有效防治已进入作物根部的线虫。其作用机制是抑制胆碱酯酶活性。

B. 有机磷除草剂

有机磷除草剂的发展起始于 19 世纪 50 年代末，第一个商品化的品种是陶氏（Dow）化学公司的草特磷，尔后相继开发了若干用于旱田作物、蔬菜、水稻及非耕地的品种。这些品种能够防治一年生杂草，也能有效防治多年生杂草。特别是1971 年孟山都公司推出的草甘膦以其高效、杀草谱广、低毒、易分解、低残留、对环境安全等特点而引人注目，作为非耕

图 5-2　有机磷除草剂的应用

地、果园、胶园中重要的除草剂，迄今仍在国内外广泛应用。

C. 有机磷杀菌剂

有机磷农药的杀菌活性，是从 19 世纪 60 年代以后才引起人们广泛注意，包括内吸性杀菌剂及非内吸性杀菌剂。商品化的非内吸性有机磷杀菌剂品种有灭菌磷、威菌磷、甲基立枯磷、稻枯磷等。它们尽管不能被植物吸收和传导，但也表现出保护和治疗作用，特别是对白粉病、立枯病、白叶枯病等具有特效。

内吸性有机磷杀菌剂（如异稻瘟净、乙苯稻瘟净、克瘟散等）是从稻瘟病出现后才开始发展起来，其最大优点是能够通过根部或叶部被植物吸收并传导到植物各部位，对叶面、根部、茎内和种子内病害，具有保护、治疗和铲除作用，使植

图 5-3　水稻稻瘟病

物病害的防治能力和水平得到明显改善和提高。

D. 有机磷植物生长调节剂

有机磷农药用作植物生长调节剂是从 20 世纪 60 年代末开始出现的，当时已有 Amchem Products 公司开发的乙烯利作为植物生长调节剂。脱叶亚磷、乙烯利等在棉花脱叶、增加甘蔗糖分、催熟果实等方面得到普遍应用。

E. 其他农药

利用昆虫化学不育剂绝育磷、六甲磷等，处理昆虫使其不育，从而降低虫口密度，达到根除的目的。使用方法大体分为两种：一种是将化学药物处理的雄性昆虫释放，绝育的雄虫就与正常的雄虫对雌虫的交配发生竞争，从而控制虫口繁殖。另一种方法是直接用化学药物施于昆虫危害区，药物接触昆虫，造成不育。

④ 有机磷农药存在的问题

1940 年以后，农药进入有机合成农药阶段。随着农业现代化和农业机械化的逐步推进，20 世纪 60 年代至 90 年代全球农药行业进入高速发展期。我国农药工业也迎来了大发展。在我国农药工业的历史发展中，有机磷农药始终是最重要最具有经济价值的一类农药化学品。1983 年国务院决定在全国范围内停止生产"六六六"和滴滴涕以后，一批有机磷农药如甲胺磷、对硫磷、甲基对硫磷、久效磷等生产能力和产量迅速增长。由于有机磷农药在防治水稻螟虫、飞虱，棉花棉铃虫害虫大暴发时发挥了重要作用，是农业上防治多种害虫的主要品种，深受广大农民欢迎，为我国农业生产做出了重要贡献。1983-2002 年期间是我国有机磷农药工业发展的黄金时代。

但是当时在我国大量应用的高毒有机磷农药（甲胺磷、对硫磷、甲基对硫磷、久效磷、磷胺），由于其具有极高的毒性效应，如果使用不当，极有可能造成中毒事故，同时影响了生态环境，因此"限制和取代高毒农药"引起社会各界的普遍关注和国务院领导的高度重视。例如，根据美国《食品质量保护法》的规定，有机磷农药被美国环保局列为最先接受再登记和残留限量再评价的一类农药。联合国粮农组织及环境规划署制定了《鹿特丹公约（PIC 公约）》，对包括 4 种高毒有机磷农药在内的 22 种农药做了进出口限制。2007 年按国家要求，甲胺磷、对硫磷、甲基对硫磷、久效磷、磷胺这 5 种高毒有机磷农药在国内停止生产、销售和农业上使用，为低毒有机磷农药新品种以及我国自主创新品种的发展提供了新的机遇。

农药残留与食品安全

（1）有机磷农药对食品污染

有机磷农药对食品的污染途径大致有如下几个方面：①对作物的直接污染，农田施药后，作物附着了农药；②来自环境的污染，在农田喷洒农药时，大部分农药散落在土壤中，又被作物吸收，还有部分进入大气中的农药，降落于江河湖海和附近作物上；③通过生物富集和食物链造成水产品、畜禽肉、乳、蛋中农药的蓄积；④在贮存、运输过程中，使用杀虫剂、杀菌剂为粮食防虫和蔬菜、水果保鲜造成的。

我国蔬菜、水果中滥用农药的现象较为严重。即使国家明文规定禁止使用的农药如甲胺磷、甲基对硫磷，农民仍有使用，因而由于农产品中高毒农药残留量超标造成的中毒事件屡屡发生。据了解，自1995年起，我国每年平均仅因蔬菜农药残留超标、使用工业盐等发生的群体性食物中毒事件就有150次左右。例如，2005年1月，湖南省桑植县澧源镇第一小学发生一起因食用有农药残留的四季豆引起的食物中毒事件，造成829名学生出现呕吐、腹痛、头晕不适等中毒症状。2005年4月，广州增城市石滩镇三江第二中学的30多名学生，在学校食堂因食用农药残留超标青菜后，出现急性头晕、呕吐等症状。2006年，常州一个月连发5起食物中毒事件，中毒原因均为细菌性和农药残留中毒；8月3日，武汉市新洲阳逻居民8人因食用农药残留超标的竹叶菜中毒。由此可见，农药残留超标引起的食物中毒事件随时都可能发生。更让人不安的是，长期的农药残留在人体内蓄积，会引起不易察觉的慢性中毒和"三致"作用。

随着人们生活水平的提高和科技的进步，消费者的健康、环保意识的加强，人们对农产品质量尤为关注，我国

有机磷农药对蔬菜水果的污染

图5-4

从化学武器到高效农药——有机磷

各级政府采取了一系列的措施减少农药在食品中的残留量。

（2）有机磷对环境的污染及生态危害影响

另外，由于有机磷农药的大规模使用，我国的许多水资源都受到了不同程度的污染。厦门沿海水域检测出了敌敌畏、甲拌磷、硫特普、乐果、乙拌磷等有机磷农药，平均浓度达到136.47ng/L。水体的污染，导致水生生物受到影响，部分有机磷农药对水藻产生了严重危害影响，如高浓度的久效磷导致微藻的叶绿素 a 和类胡萝卜素降解……

我国是渔业大国，水体的污染对水产业造成重大损失。水生动物暴露于高浓度有机磷农药中，导致呼吸困难，最后痉挛麻痹，甚至昏迷致死。

环境中的农药可通过消化道、呼吸道和皮肤等途径进入人体，产生各种危害。

（3）减少农产品农药残留及环境污染的措施

要减少农副产品中的农药残留量，应采取以下措施：

第一、防止和减少农药对粮食、果树、蔬菜等农作物的直接污染，要根据农药的性质严格限制使用范围，严格掌握用药浓度、用药量、用药次数等，严格控制作物收获前最后一次施药的安全间隔期，使农药进入农副产品的残留尽可能减少。

第二、防止和减少农药对环境的污染及迁移转化过程的间接污染而导致农副产品中的残留。农药在环境中的迁移转化过程十分复杂，但主要途径是水流传带、空气传带、生物传带。通过控制农药的迁移传递减少、阻碍农药的转移污染。

第三、防止和减少农药在生物体内的累积，不使用农药残留量高的饲料喂养畜禽，这样乳蛋产品残留量就会大大减少。

会变身的 2,4-D

① 越战中使用的"生化武器"

20 世纪 60 年代至 70 年代，美国陷入越战的泥潭。越共游击队出没在茂密的丛林中，来无影去无踪，声东击西，打得美军晕头转向。越南游击队还利用长山地区密林的掩护，开辟了沟通南北的"胡志明小道"，保证了物资运输的畅通。美军为了改变被动局面，切断越共游击队的供给，决定首先设法清除视觉障碍，使越共军队完全暴露于美军的火力之下。为此，美国空军实施了"牧场手"行动（Operation Ranch Hand）。他们用飞机向越南丛林中喷洒了超过 200 万加仑（约合 7600 万升）的落叶型除草剂，打算以此清除遮天蔽日的树木让越共游击队无处可逃。美军还利用这种除草剂毁掉了越南的水稻和其他农作物。他们所喷洒的面积占越南南方总面积的 10%，其中 34% 的地区不止一次被喷洒。由于当时这种化学物质是装在桔黄色的桶里，所以后来被称为"橙剂"。

② 可怕的"橙剂后遗症"

"橙剂"主要成分为 2,4-D 和 2,4,5-T，其中还含有少量极高毒杂质 2,3,7,8-TCDD，就是我们俗称的二噁英，其化学性质十分稳定，在环境中自然消减 50% 就需要耗费 9 年的时间。它进入人体后，则需 14 年才能全部排出。它还能通过食物链在自然界循环，遗害范围非常广泛。二噁英毒性相当于人们熟知的剧毒物质氰化物的 130 倍、砒霜的 900 倍。

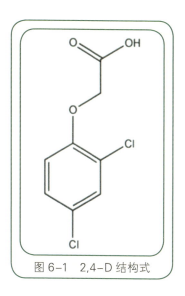

图 6-1　2,4-D 结构式

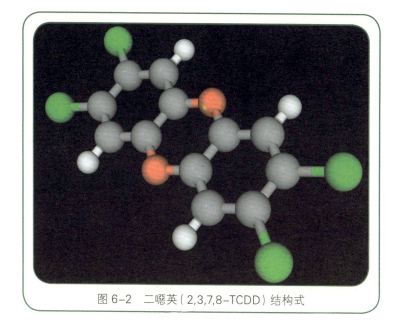

图 6-2　二噁英（2,3,7,8-TCDD）结构式

　　受橙剂影响最为严重的地区是长山山脉周边地区以及越南和柬埔寨的边境地区。越南战争时期，越柬交界地带是著名的胡志明小道，此地带受到美军橙剂喷洒最为严重。越南战争期间存储橙剂的美军基地周围的土壤中也检测出过高含量的二噁英。以岘港空军基地为例，该基地周围土壤中二噁英含量超过人类正常活动允许值的 350 倍。受到橙剂污染的土壤至今仍在影响着越南人的生活，毒害着他们的食物链并导致许多健康问题，诸如严重的皮肤病、肺癌、肝癌、前列腺癌等。在越南长山地区，人们经常会发现一些缺胳膊少腿儿或浑身溃烂的畸形儿，还有很多白痴儿童，这些人就是"橙剂"的直接受害者。参加越战的美国老兵也深受其害，由于他们血液中的二噁英含量远远高于常人，其身体因此出现了各种病变。据统

图 6-3　受橙剂影响的畸形儿童

计，越战中曾在南方服役的人，其孩子出生缺陷率高达 30%。此外，在南方服役过的军人妻子的自发性流产率也非常高。

③ 橙剂使用的反思

越南战争结束后，"橙剂"给当地的生态环境和人群健康都带来严重的危害，深受橙剂之害的美军士兵首先开始了索赔之路。战争期间，美国国内几家大型化工企业（如陶氏化学和孟山都）生产并为军方提供了这些有色除草剂，这些公司后来成为越战士兵索赔的对象。同时，美国国内也改变过去否认橙剂危害的立场，开始重新评估越战期间橙剂的使用。当然这些赔偿都仅限于参加过越战的美军士兵，而橙剂的最直接受害者——越南民众却一直缺席。2003 年，越南方面依照内政部法令成立了越南橙剂受害者协会。协会成立以来年来，在积极争取对橙剂受害者赔偿，帮扶橙剂受害者及其家属，对公众进行橙剂受害者教育，扩大橙剂受害者议题的社会关注度等方面做了很多具体和有成效的工作。在一定程度上改善了橙剂受害者及其家属的生活状况。

"橙剂"在战争中的使用给人类带来深刻的教训，1976年 12 月 10 日联合国大会通过了禁止为军事或任何其他敌对目的使用改变环境的技术的公约《禁用改变环境技术公约》（Environmental Modification Convention），该公约禁止"任何技术用于改变地球的生物群体"的组成或结构，严格限制落叶剂的大量使用。美军飞机用橙剂及落叶剂消灭藏身于丛林游击队的战法也退出了历史舞台。

延展阅读

植物生长调节剂

2,4-滴（2,4-D）是世界上第一种除草剂，由Amchem公司（今先正达公司）于1942年发现并合成，1945年后多家公司开发生产，于1946年开始使用。2,4-D是一种高效、内吸、高选择性的除草剂和植物生长调节剂，对植物有强烈的生理活性。低浓度时，往往促进生长，有防止落花落果、提高坐果率、促进果实生长、提早成熟、增加产量的作用，可作为植物生长调节剂来减少落果、增大果实及延长果实的储存期；高浓度时，表现出生长抑制剂除草剂的特征，尤其是阔叶植物上表现明显。2,4-D作用机理上属于激素性除草剂，高浓度时可促使杂草茎部组织增加核酸和蛋白质合成，恢复成熟细胞的分裂能力，从而使细胞分裂，造成生长异常而导致杂草死亡。

随着夏日的到来，各种美味的瓜果蔬菜也到了集中上市的时间。不过，在品目繁多的瓜果蔬菜纷纷亮相的同时，有关它们的"传言"也层出不穷。其中，广为人知的有"注射西瓜""蘸花黄瓜""激素草莓"等，让消费者忧心忡忡。其实，大家口中的"膨大剂""助长剂""催熟剂"等是植物生长调节剂，在农业生产中应用广泛。

植物生长调节剂应用的历史可以追溯到基督时代，那时人们即知道把橄榄油滴在无花果树上可以促进无花果的发育，后来人们知道高温使橄榄油分解，释放出的乙烯影响无花果的发育。20 世纪 20 年代，人们普遍认为，烟熏可以导致菠萝开花，至 30 年代，人们才明白了烟熏导致菠萝开花的原因是烟中含有乙烯从而促进了菠萝的开花。60—70 年代，矮壮素用以控制小麦生长高度而不影响籽粒大小和品质。目前植物生长调节剂已广泛应用在全世界农业生产中。我国正在使用的植物生长调节剂约有 40 种，如 2,4-D、乙烯利、赤霉酸、矮壮素、氯吡脲、多效唑、芸苔素内酯等，广泛用于粮食、油料、果蔬、花卉、林木等的生产和储藏，有的促进种子萌发，有的延长种子休眠，有的刺激植物生长，有的抑制植物生长，有的保花保果，有的疏花疏果，有的促进果实成熟，有的起到保鲜作用。

植物生长调节剂的开发应用是发展高产优质高效农业的一项重要措施，与农业科学中的光合作用、固氮作用和生物技术具有同等的重要性，应用前景广阔。随着现代农业的迅速发展，植物生长调节剂在农业中的应用将更为广泛，但在使用过程中应强化监督检查，确保科学、安全、合理使用，使其发挥越来越重要的作用。

07

克百威的禁用之争

① 克百威的毒性特点

　　农药在杀灭害虫，服务于人类的同时，由于农药的不当使用或滥用也可能给人类和生态环境造成严重的不良后果，一些农药对环境生物如鸟类、鱼类、虾、蚯蚓等具有严重危害，甚至可能引起种群灭绝。克百威是一种高效广谱的氨基甲酸酯类杀虫剂和杀螨剂，1967 年由美国 FMC 公司首次合成，1968 年注册使用。克百威颗粒剂和种子包衣剂在我国很多地区广泛使用，在保证农业稳产、高产方面发挥了一定作用。

　　克百威对人及其它动物毒性较高，尤其对鸟类危害性最大。一只体重 30 克的小鸟只要觅食一粒克百威种衣剂就足以致命。受克百威中毒致死的小鸟或者其他昆虫，被猛禽类、小型兽类或者爬行类动物觅食后，可引起二次中毒而致死。美国犹他州发生的一次 479 只角百灵死亡事件中，平均每只鸟的素囔中发现 2 粒克百威颗粒。20 世纪 80 年代，美国环保局做过一项专项评估，认为当时因施用克百威颗粒剂每年造成百万只鸟儿死亡。2005 年美国环保局对克百威进行了生态危害评估，

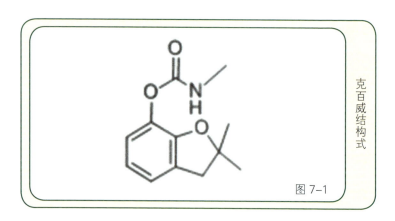

克百威结构式

图 7-1

结论是该农药对野生鸟类具危害性。美国环保局预测，如果一群野鸭到施用了克百威的苜蓿地里觅食的话，92%的野鸭会很快死掉。

② 克百威的禁用之争

1994 美国环保局禁止克百威颗粒剂的应用。后来，美国 FMC 公司与美国国会的一些农场代表联手，敦促美国环保局重新考虑其全面禁用这一农药品种的决定。FMC 要求美国环保局允许在棉花、玉米、土豆、瓜类及向日葵等 5 种作物上继续使用克百威。该公司称，目前没有替代品能够达到克百威对上述 5 种作物的保护作用。许多农场主反映，目前还没有任何其他农药在发生一些病虫害时能像克百威那样药到害除，如果全面禁用克百威的话，势必对这些州的农业经济造成较大影响。至今，美国并没有全面禁用克百威，只限用个别剂型产品和禁止其在部分作物上使用。克百威作为仍在国内使用的 12 种高毒农药之一，在防治线虫和地下害虫方面具有很好的效果。目前，克百威已列入农业部再评价名单，农业部将本着科学、谨慎、公开原则加紧工作，尽早提出再评价风险评估报告，根据安全风险评估 – 效益分析的结果，按法定程序将逐步制定必要的风险降低或淘汰措施。

③ 列入鹿特丹公约附件三

2017 年 4 月 24 日至 5 月 5 日在日内瓦召开的《鹿特丹公约》第八次缔约方大会上，审议通过了将化学农药克百威、敌百虫，化学品短链氯化石蜡、三丁基锡化合物等 4 种物质列入附件三的议题，这意味着在国际贸易中，将对这些物质实施事先知情同意程序。将农药丁硫克百威、百草枯 (二氯化物含量大于等于 276 克 / 升)、倍硫磷 (大于或等于 640 克 / 升的超低容量制剂)，化学品温石棉等 4 种物质列入附件三，没能在大会上达成协商一致，决定待下一次缔约方大会再次审议。

氨基甲酸酯类农药

在当代，由于高残留农药的环境污染和残留问题，引起了世界各国的关注和重视。从 20 世纪 70 年代开始，许多国家陆续禁用滴滴涕、"六六六"等高残留的有机氯农药和有机汞农药，并建立了环境保护机构，以进一步加强对农药的管理。如世界用量和产量最大的美国，1972 年《联邦杀虫剂、杀菌剂及灭鼠剂法》（FIFRA）修订后，将农药登记审批工作由农业部划归为环保局管理，并将慢性毒性及对环境影响列于考察的首位。鉴于此，不少农药公司将农药开发的目标指向高效、低毒的方向，并十分重视它们对生态环境的影响。通过努力，开发了一系列高效、低毒、选择性好的农药新品种。

氨基甲酸酯类农药是 20 世纪 50 年代开发出的一种广谱杀虫、杀螨、除草剂，具有选择性强、高效、广谱、多数对人畜低毒、易分解和残毒少的特点，在农业、林业和牧业等方面得到了广泛的应用。氨基甲酸酯类农药已有 1000 多种，其使用量已超过有机磷农药。

目前商业化农药中毒性最高的品种——涕灭威也是一种氨基甲酸酯类杀虫剂。涕灭威施于土壤后，能被植物根系吸收，传导到植物地上部各组织器官。因涕灭威对人体健康、食品安全、生态环境及非靶标生物有较大潜在的影响，很多国家和地区已禁止使用涕灭威。我国目前虽然没有禁止使用，但规定了严格的限制使用范围，公告明令禁止涕灭威在蔬菜、果树、茶树和中草药材上使用。

氨基甲酸酯类农药几乎没有气味，味道苦且有冰冷感觉。大部分氨基甲酸酯类农药并不是剧毒化合物，但某些种类具有致癌性。国际癌症研究机构在 2007 年把氨基甲酸乙酯列为 2A 类致癌物（对人很可能致癌）。含酒精的农作物，特别是某些食材水果白酒和威士忌，往往含有低浓度的氨基甲酸酯类农药。在日本（2000）和香港（2009）的研究概括了在日常生活中的氨基甲酸酯类农药的累积暴露的程度。一些发酵食品，如酱油、泡菜、大酱、面包、面包卷、馒头、饼干、豆腐，加上酒、清酒和梅酒等亚洲传统食物中有较高的氨基甲酸酯类农药水平。

联合国粮食及农业组织及世界卫生组织与联合食品添加剂专家委员会（专家委员会）曾在 2005 年进行有关氨基甲酸酯类农药评估，认为经食物（不包括酒精饮品）摄入的氨基甲酸酯类农药分量，对健康的影响并不大，但经食物和酒精饮品摄入的氨基甲酸酯类总量，则可能对健康构成潜在的风险。专家委员会建议采取措施，减少一些农作物氨基甲酸酯类的含量。

要减少摄取氨基甲酸酯类农药，就需要保持均衡饮食，切勿偏食，避免饮用过量农作物制成的酒精饮品，把它们贮存在阴凉及较暗的地方，以免发生化学作用，产生氨基甲酸酯类。另外，尽量缩短贮存时间。

08

全球使用量最大的农药——草甘膦

① 草甘膦的发现

　　1950 年，瑞士一家制药公司的化学家 Henri Martin 博士，在工作中发现了 [N-(膦酰基甲基) 甘氨酸]，即后来的草甘膦。因为确定其不具有药物作用，所以该化合物被销售给某些其他类型的公司，样品被用来测试是否具有其他可能的用途。1970年，孟山都的化学家 John Franz 博士，确定草甘膦具有除草活性；1974 年，由孟山都公司开发的第一个草甘膦制剂"农达"正式上市。草甘膦上市后的 20 年内，广泛用于农作物、林木、果园等地除草，但是销售量却有限，因为草甘膦只能用在土地管理者想杀死所有植被(例如，在果园和葡萄园的行道中间、工业用地以及铁轨和电缆线的管道) 的场合。还有一些应用是在作物收获之后，用来控制晚季的杂草以代替其他的防治措施。

② 草甘膦和转基因

　　由于草甘膦在杀除野草同时也不可避免地杀死了作物，因此科学家们脑洞大开：如果我们培育出一种抗草甘膦的作物，那么农民就可以更加放心大胆地使用草甘膦而不用担心作物被草甘膦伤害了。在许多年辛勤的工作之后，1996年孟山都公司的科研人员利用基因工程等手段，将抗草甘膦的基因转入植物体内培育抗草甘膦作物，可使作物能耐草甘膦。

从1996年开始大面积种植抗草甘膦大豆，1997年种植抗草甘膦棉花及1998年种植抗草甘膦玉米以来，明显改进了作物生产中的杂草防除技术，大大节省了杂草防除所需时间与劳动力支出，降低了除草剂使用成本，从而使抗草甘膦作物在美国、巴西、阿根廷、加拿大以及澳大利亚等国家迅速推广，成为一种势不可挡的潮流。目前，已经大面积种植的抗草甘膦作物有大豆、棉花、玉米、油菜和甜菜等，它们成为抗草甘膦作物的主流。

在1998年之前，全球除草剂市场莠去津位列首位，草甘膦仅位列4到5位。但自1996年抗草甘膦转基因作物问世后，草甘膦的销售一路攀升。到2012年，草甘膦的全球市场为46.6亿美元，占全球农药市场的8.7%。如今全球转基因作物的种植面积达1.7亿公顷，较1996年转基因作物问世时增加了100倍，年均增长31%。在转基因作物中，抗草甘膦转基因作物占绝对优势，几乎遍及人们种植的所有作物。

③ 草甘膦的"是非纷争"

除草剂草甘膦和抗草甘膦转基因作物在过去的几十年中

为世界粮食产量做出了巨大贡献。但是所有的东西都不是十全十美的。不管是草甘膦还是抗草甘膦转基因作物，如今都存在许多争议。

全球转基因作物主要为大豆、玉米，两者占据全球转基因作物总种植面积的 78%，商业化的抗草甘膦品种面世之后，问题出现了：农民伯伯看到使用草甘膦既能够有效除草，又能够不伤害作物，于是为了节省成本提高效率等原因纷纷放弃了其他种类的农药，直接大量使用草甘膦。这样大量的使用终于使一部分杂草出现了对于草甘膦的抗性，草甘膦没有之前有效了。同时，转基因有一个致命的缺陷，就是通过基因"漂移"让附近的其他生物也感染上转基因。抗除草剂作物会把抗除草剂的基因感染给杂草，从而也让杂草产生了除草剂抗性，变成耐草甘膦的"超级杂草"，这就逼迫农民不断加大草甘膦的使用量。草甘膦的使用量越来越大，造成其豆粒、玉米粒、油菜籽等食用部分含草甘膦除草剂，对动物与人类造成的危害是捆绑在一起不可分割"转基因 + 草甘膦"造成的危害。

作为全球农业生产中使用最为普遍的一种广谱灭生性除草剂，草甘膦拥有 40 年的良好长期安全使用记录，在世界160 多个国家得到应用，并在全球进行了总数超过 300 个的独立毒理学研究和 800 个实验研究。由联合国粮农组织和世界卫生组织共同建立的世界食品法典委员会（CODEX）、美国环保署（EPA）和美国食药局（FDA），以及欧洲食品安全局

（EFSA）全球三大官方权威机构是目前国际上判断草甘膦安全性的主要机构，它们的官方结论均为草甘膦是安全的。其他国家的监管机构，如加拿大卫生部有害生物管理局(PMRA)，新西兰环境保护署(DOC)和日本食品安全委员会(FSC)等，结论也是草甘膦"不太可能导致人类癌症"。

但是，非政府监管机构——国际癌症研究机构（IARC）并不这么认为。IARC发表在著名医学期刊《柳叶刀·肿瘤学》的一份研究总结称，"有限的证据表明，草甘膦可能导致非霍奇金淋巴瘤"。2015年，IARC将草甘膦定义为2A类"较可能致癌物"。面对争议，2017年5月23日，欧洲食品安全局(EFSA)在其网站发布"欧洲食品安全局(EFSA)草甘膦评估"官方声明，公布欧洲食品安全局(EFSA)公开、公正的草甘膦安全评估过程。

当然，我们也应该认识到，化学除草剂都有一定的毒性。目前的一些除草剂如乙草胺对泥鳅红细胞核异常有诱导作用，对雄性鼠有一定的生殖毒性等；"百草枯"是毒性极大的"杀人魔王"。误食或喷洒过程中吸入或经皮肤渗透，哪怕是稀释药液，都有可能致人死命。除草剂有更新换代，但没人能保证新的化学剂是绝对安全。草甘膦是高效、低毒、低残留的代表，相对来说是安全的。

或许有人会说可以不用除草剂。实际上，在食物需求暴涨、农村劳力紧张的今天，人工除草不但不能满足集约化农业的需求，我们还会损失时间（花大把的时间于人工除草）、金钱（花更多的钱于购买这些食品等），承受食物的短缺。如今世界再也不可能回到过去，回到不依赖于化学药剂的年代了。我们能做的只有三件事：第一，坦然面对；第二，尽可能消除或降低草甘膦的不安全性；第三，找到比草甘膦更好的除草剂。

转基因作物

基因是具有遗传效应的 DNA 片段，是控制生物性状的基本遗传单位，它可以通过复制把遗传信息由上一代传给下一代，使后代出现与亲代相似的性状。转基因是一种育种技术，就是把某一生物体之外的人工分离和修饰过的基因片段导入到生物体基因组中，让其本身的基因重组，再经过数代人工选育，获得具有人们所希望的特定遗传性状的生物个体，从而培育出高产、优质、抗病毒、抗虫、抗寒、抗旱、抗涝、抗盐碱、抗除草剂等的作物新品种。由于转基因作物蕴含的巨大应用潜力和无限商机，令全球瞩目，各国政府、企业和科研机构都加入到了转基因作物的研发和应用的洪流中。1996—2015 年，全球转基因作物商业化种植面积从 170 万公顷增加到 1.797 亿公顷，增长了近百倍，农民收益超过了 1500 亿美元。

随着转基因产品不断涌现，转基因产品持续处于更新换代中：第一代以抗病虫、耐除草剂、抗逆转基因作物为主，旨在提高作物抵抗生物胁迫或非生物胁迫的能力，进而提高作物产量、降低投入；第二代以品质改良转基因作物为主，包括提高作物的维生素、赖氨酸、油酸等营养成分含量，剔除过敏原及植酸、胰蛋白酶抑制因子、硫葡萄糖苷等抗营养因子，使转基因食品营养更丰富、更可口；第三代以功能型高附加值的转基因生物为主，如生物反应器、生物制药、生物燃料、化工原料、清除污染等特殊功能的改良为主，旨在拓展新型转基因生物在健康、医药、化工、环境、能源等领域的应用。目前，大规模商业化种植的转基因作物主要是第一代、第二代转基因产品，其主要性状依然是耐除草剂、抗虫、抗病毒、抗逆等。

自 1996 年实现商品化种植以来，转基因可能是农业史上最具有争议的技术。支持者认为转基因技术能缓解资源约束、保护生态环境、改善产品品质。而反对者则从食物安全、生态安全和知识产权等方面提出质疑。目前认为，转基因作物在食用安全方面的可能问题主要有：毒性问题；过敏反应问题；抗药性问题；食物中有益成分受破坏问题；动物、人类免疫力下降问题。而转基因作物在生态环境方面的可能负面影响主要有：可能诱发害虫、野草抗性；可能诱发基因转移跨越物种屏障；可能诱发自然生物种群的改变；可能诱发食物链的破坏。

　　到目前为止，我国批准投入商业化种植的转基因作物只有两种，一是转基因抗虫棉花，二是转基因抗病毒番木瓜。除了棉花及番木瓜外，我国还批准进口用作加工原料的转基因作物，包括大豆、玉米、油菜、棉花、甜菜。除此外，国内市场上流通的小麦、番茄、大蒜、洋葱、紫薯、土豆、彩椒、胡萝卜等粮食和蔬菜，都不是转基因品种。我国市场上销售的转基因产品均需要进行标识。转基因产品的标识都直接印制在产品标签上，以转基因大豆油为例，标注为"转基因大豆加工产品"或"加工原料为转基因大豆"，消费者购买时可以很方便地鉴别。

09 苏云金杆菌
——应用最广的微生物农药

① 苏云金杆菌的发现

19 世纪末，日本蚕农在饲养的家蚕中发现大量家蚕无缘无故地死去，十分不解。因为饲养方法一如既往，既没有因为向桑叶喷施药剂，也没有因为桑叶放置时间过长保存不当而霉变，蚕农很是困惑。这一现象被日本当时的生物学家 Ishiwata 注意到，他发现死亡的家蚕尸体发黑软化，由于突然死亡，Ishiwata 称之为猝倒病 (sotto disease)。随后 Ishiwata 对此进行细致研究，将死蚕尸体进行解剖，在显微镜下观察尸体液，发现其中有一种杆状细菌，经过细致研究，Ishiwata 认为家蚕的猝死是由这种肉眼看不见的杆状细菌引起的，1908 年，日本另一生物学家 Iwabuchi 将这种杆菌命名为猝倒芽孢杆菌 (*Bacillus sotto*)，现在公称为苏云金杆菌猝倒亚种 (*Bacillus thuringiensis spp. sotto*)。

1909 年，德国人贝尔奈（Berliner）从德国苏云金省 (Thuringien) 的一个面粉厂寄送的一批感染地中海粉螟中分离出一种杆菌，有很强的杀虫力。1915 年他以这种杆菌的来源地德国苏云金省作为细菌的名称，定名为苏云金杆菌 (*Bacillus thuringiensis*），这就是苏云金杆菌发现和命名的由来。

　　尽管猝倒芽孢杆菌最早在日本发现，但日本当时作为 1 个养蚕国，只考虑到它是家蚕的病原菌，并未考虑到它能防治害虫。而在欧洲，由于当时处于工业革命高峰，科学技术日新月异，市场竞争迫使人们不断开发新技术新产品，欧洲人从发现这种细菌对地中海粉螟的致病性，推而广之联想到这种细菌对同类害虫的杀虫毒性，可能是 1 种潜在的杀虫剂。从1920 年到 1930 年进行了许多科学试验，肯定了苏云金杆菌防治玉米螟的效果。与此同时人们试图进行工业化开发，生产商品制剂用于农业，1938 年用于生物防治地中海粉螟的第 1 个苏云金杆菌商品制剂 Sporeine 在法国问世。

　　苏云金杆菌的发现，为人们利用微生物消灭植物病虫害提供了美好的前景。与此同时苏云金杆菌的杀虫谱不断被发现和扩大，工业化生产应用逐步走向成熟，成为应用最早、用量最大、效果最确切和最安全的生物杀虫剂，被广泛应用于农业、森林、仓储及卫生害虫防治领域。

② 苏云金杆菌为何能够杀死害虫？

　　Bt 即苏芸金杆菌的简称，Bt 杀虫剂是利用 Bt 杀虫菌，经培养生产的一种微生物制剂。这种杀虫菌，在生长发育过程中产生芽孢并形成一种蛋白质毒素，在显微镜下观察，通常是不规则的菱形结晶，叫做伴孢晶体。当害虫蚕食了伴孢晶体和芽孢之后，在害虫的肠内碱性环境中，伴孢晶体溶解，释放出对鳞翅目幼虫有较强毒杀作用的毒素。这种毒素使幼虫的中肠麻痹，呈现中毒症状，食欲减退，对接触刺激反应失灵，厌食，呕吐，腹泻，行动迟缓，身体萎缩或卷曲。一般对作物不再造成危害，经一段发病过程，害虫肠壁破损。毒素进入血液，引起败血症，同时芽孢在消化道内迅速繁殖，加速了害虫的死亡。死亡幼虫身体瘫软、呈黑色。所以，害虫只有把 Bt 细菌吃到肚子里，再经过一个发病过程，才能死掉，大约 48 小时方能达到杀灭害虫的目的。不像化学农药作用那么快。但染病后的害虫，上吐下泻，不吃不动，不再危害作物。

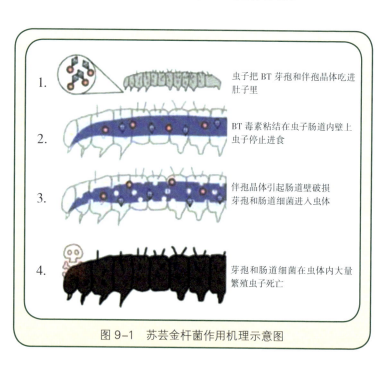

1. 虫子把 BT 芽孢和伴孢晶体吃进肚子里

2. BT 毒素粘结在虫子肠道内壁上 虫子停止进食

3. 伴孢晶体引起肠道壁破损 芽孢和肠道细菌进入虫体

4. 芽孢和肠道细菌在虫体内大量繁殖虫子死亡

图 9-1　苏芸金杆菌作用机理示意图

③ Bt 杀虫剂的优点

Bt 杀虫剂与化学农药相比有许多优点。第一，毒性较低，对人畜较为安全。因为哺乳动物消化道内没有 Bt 蛋白受体，所以人即便吃了 Bt 蛋白也不会中毒。第二，Bt 不同菌株防治具有专一性，对益虫和非目标害虫安全。第三，Bt 对植物不产生危害，对环境无污染及不杀伤害虫天敌。第四，连续使用，会形成害虫的疫病流行区，造成害虫病原菌的广泛传播，达到自然控制虫口密度的目的。第五，不易产生抗药性，这只是相对而言。人类与有害昆虫的斗争，是极其艰苦和复杂的，最近已经发现了抗药性的报道，但不像化学农药产生得那么快。

同时，Bt 杀虫剂在实际应用中也存在一些缺点。第一，药效期短。Bt 生物农药杀虫速度较慢，药效要迟 1 ~ 3 天，对害虫的控制力度不强；当害虫大面积发生时，Bt 制剂往往难以奏效，因昆虫取食 Bt 后有一个拒食、饥饿最后死亡的过程。第二，稳定性差。Bt 属活性生物杀虫剂，其生长、繁殖和稳定性易受环境条件和使用技术的影响，因此施药时要因地制宜地选择不同剂型，现有剂型包括粉剂、可湿性粉剂、悬浮剂等。为了延长药效期，应开发微胶囊剂、水分散粒剂等新剂型。第三，施药期短。Bt 对多数害虫的有效敏感期在初孵至 1 龄幼虫阶段，2 ~ 3 龄后药效普遍下降。而我国农民的施药习惯是"见虫打药"，常导致药效较差，不易推广。因此，目前

Bt 杀虫剂并不能完全替代化学农药，在使用时和其他化学杀虫剂混用可以达到更好的效果，但切忌与杀菌剂混用。

延展阅读

微生物农药

利用微生物或者是微生物代谢产物制成可作为农药使用的活性物质就是微生物农药。利用微生物直接作为农药，包括用于防治农业有害生物的活体真菌、细菌、病毒、诸如线虫之类的原生动物等的微生物农药制剂，如杀虫剂苏云金杆菌制剂、核多角体病毒制剂、蝗虫微孢子虫制剂等。利用微生物的产生物合成农药，一般通过微生物发酵工艺，以微生物代谢次生物质为有效成分的农药。用于防治农业有害生物的农用抗生素农药，如井冈霉素、春雷霉素、多抗霉素、农乐霉素等。

微生物农药与化学农药相比其优势主要体现在以下几个方面：一是农药效果好，农作物产生抗药性的机率较低；二是微生物农药具有选择性，在杀灭病虫害的同时不会对环境造成污染，也不会危害人畜的身体健康；三是微生物的原料来源广泛；四是微生物农药易于在农作物的体内传导，对特定农作物病虫害的治疗效果好。微生物农药已经成为现代农业工业的新产业，作为植物保护的新方向，微生物农药对传统化学农药的环境污染和农药残留问题进行了克服，提高了农业生产的经济效益和生态效益，有利于农民收入水平的提高。

但同时，我们应该看到，活性成分是生物的微生物农药，在使用时容易受到环境因素的影响，降低其药效，因此，如何降低环境因素对微生物农药的影响，仍旧是未来微生物农药发展的关键影响因素。

10 生物导弹赤眼蜂

① 赤眼蜂治害虫

　　赤眼蜂，顾名思义是红眼睛的蜂，不论单眼还是复眼都是红色的，属于膜翅目赤眼蜂科的一种寄生性昆虫。赤眼蜂的成虫体长 0.5—1.0 毫米，黄色或黄褐色，大多数雌蜂和雄蜂的交配活动是在寄主体内完成的。它靠触角上的嗅觉器官寻找

图 10-1　赤眼蜂防虫原理

寄主。先用触角点触寄主，徘徊片刻爬到其上，用腹部末端的产卵器向寄主体内探钻，把卵产在其中。

成虫长不到 1 毫米，翅呈梨形，具单翅脉和穗状缘毛。跗节 3 节，明显。幼虫在蛾类的卵中寄生，因此可用以进行生物防治。实验室繁育的微小赤眼蜂 (T.minutum) 已成功地用来防治各种鳞翅目 (Lepidoptera) 农业害虫。

赤眼蜂为卵寄生蜂，在玉米田可寄生玉米螟、黏虫、条螟、棉铃虫、斜纹夜蛾和地老虎等鳞翅目害虫的卵。它是一类很有利用价值的昆虫，能寄生玉米螟卵的赤眼蜂有玉米螟赤眼蜂、松毛虫赤眼蜂、螟黄赤眼蜂、铁岭赤眼蜂。但以玉米螟赤眼蜂和松毛虫赤眼蜂最重要。

② 赤眼蜂的样子

赤眼蜂科体长 0.5—1.0 毫米，最小的仅有 0.17 毫米。触角短，柄节较长，与梗节成肘状弯曲，鞭节在各属之间差异甚大，但均不超过 7 节；常有 1—2 个环状节和 1—2 个索节，有 1—5 节组成的棒节。大多数属的雌雄触角相似，仅少数属在触角的构造上表现出性二型的特征（如赤眼蜂属等）。前翅有缘毛，翅面上有纤毛，不少属的翅面上的纤毛排成若干毛列。体粗脚，腹部与胸部相连处宽阔。产卵器不长，常不伸出或稍伸出于腹部末端。跗节有 3 节。全部种类均为卵寄生，被寄生卵后期卵壳色泽常变深，呈黑褐色。

图 10-2　赤眼蜂

赤眼蜂属的成虫体长约 0.5—1.0 毫米，体躯由头、胸、腹三个部分组成。

头部由头颅、复眼、单眼、触角和口器组成。头颅是一个坚硬的小壳，也叫做头壳。复眼椭圆形生在头部两侧，是由许多小眼组成；单眼三个，三角形排列在前额上端。复眼、单眼均为红色。在单眼的下部生有一对触角。雌蜂触角 6 节由柄节、梗节、环状节（甚小）、索节（两个）、棒节（不分节）构成；雄蜂触角四节：柄节、梗节、环状节和由两个索节与棒节合并而成的鞭节，长着长毛。在头部的下端生有口器（口器上颚咀嚼式，用以咀嚼划分和筑巢，下颚和下唇组成喙能吮吸花蜜为嚼吸式），也就是嘴。赤眼蜂的复眼、单眼、触角均是感觉器官。一般来说，复眼辨认物体形象，单眼辨别光线强弱；

触角是神经集中的器官，生有多种感觉器，可辨认寄主卵等，用以帮助找到寄主、食物和配偶；口器可取食花蜜等物质，以补充身体营养。

胸部构造比较复杂，可分为前胸、中胸、后胸三节。胸部与头部交界的第一节是前胸，从背面可看到前胸背板；第二节是中胸、第三节是后胸，后胸背板与并胸腹节相连。在中胸和后胸分别着生一对前翅和一对后翅，并胸腹节生有一对气门。腹部的腹面着生三对胸足，前胸，中胸，后胸各有一对，分别称为前足、中足和后足。赤眼蜂的胸部是运动中心，因承受翅膀和足的牵引力而骨化。翅膀透明呈略带紫色闪光的薄膜状。前翅近扇形，翅面密生细毛而有规则的排列，较宽，翅脉简单，痣脉、缘脉及缘前脉成连续的 S 形，缘脉紧接翅的前缘；翅沿有缘毛；痣脉后方有横毛列，翅面上有 7 条明显的纵毛列及一些不规则排列的纤毛。后翅狭窄，成刀状，边缘生有缨毛。赤眼蜂的足由基节、转节、股节、胫节和跗节组成。

腹部赤眼蜂的腹部由 7 个腹节组成。雌蜂腹部的外生殖器是产卵器，由鞘和产卵管构成，不伸出或稍伸出于腹部末端。产卵管针状，既是生值器官又是寄生虫卵的武器。此蜂利用特有的针状产卵管，刺破寄主卵壳将蜂卵产进，以繁殖后代。雄蜂腹部的末端生有雄外生殖器由阳基和阳茎两部分构成。

③ 生物导弹如何百分百中？

　　研究发现，害虫在产卵时会释放一种信息素，赤眼蜂能通过这些信息素很快找到害虫的卵，它们在害虫卵的表面爬行，并不停地敲击卵壳，快速准确地找出最新鲜的害虫卵，然后在那里产卵、繁殖。赤眼蜂由卵到幼虫，由幼虫变成蛹，由蛹羽化成赤眼蜂，甚至连交配怀孕都是在卵壳里完成的。一旦成熟，它们破壳而出，然后再通过破坏害虫的卵繁衍后代。赤眼蜂的应用非常广泛。如用赤眼蜂寄生产卵的特性防治玉米螟，不仅对环境没有任何危害，而且成本也很低，简单又方便。一般每亩只需放 2～3 点，释放两次。防治一代玉米螟累计百株玉米一块玉米螟卵释放第一次蜂，隔 5～7 天放第二次。赤眼蜂防治玉米螟的成本较低，每亩只需成本 1.20 元，较用辛硫

图 10-3　稻螟赤眼蜂

磷、甲胺磷、1605 等农药的费用都低，同时效果非常好。

据相关部门的测定，在喷洒的病毒制剂中，真正能对害虫起作用的只占 1%，65% 流失在空气和土壤当中，34% 被作物吸收了，即 99% 都白白浪费了，而使用赤眼蜂这种"生物导弹"通过携带不同的病毒，能有效控制 60 多种危害植物的害虫流行。使用生物导弹防治害虫后，可以长期不发生虫灾，而且害虫又保持一定数量，这样病毒在害虫种群内部可以长期发生作用，同时因为减少了化学农药的使用，使环境污染大大减轻，自然状态下的生物种群和数量大幅度恢复，引回了许多昆虫，在昆虫内部，建立了良好的循环状态，相对控制了害虫的数量，使其难达到暴发成灾的程度。

延展阅读

生物防治技术

生物防治技术包括以虫治虫和以菌治虫。其主要措施是保护和利用自然界害虫的天敌、繁殖优势天敌、发展性激素防治虫害等。

生物防治技术分为 8 类：

1. 以虫治虫技术：利用自然界有益昆虫和人工释放的

昆虫来控制害虫的危害，有寄生性天敌，如寄生蜂、寄生蝇、线虫、原生动物、微孢子虫；捕食性天敌，瓢虫、草蛉、猎蝽、蜘蛛等，最成功的是人工释放赤眼蜂防治玉米螟技术广泛应用。

2. 以菌治虫技术：利用自然界微生物来消灭害虫，有细菌、真菌等，如苏云金杆菌、白僵菌、绿僵菌、颗粒体病毒、核型多角体病毒，白僵菌和苏云金杆菌应用较广。

3. 以菌治菌技术：主要是利用微生物在代谢中产生的抗生素来消灭病菌，有赤霉素、春雷霉素、阿维菌素、多抗霉素等生物抗生素农药已广泛应用。

4. 性信息素治虫技术：用同类昆虫的雌性激素来诱杀害虫的雄虫。

5. 转基因抗虫抗病技术：是国际、国内最流行的生物科学技术，已成功地培养出抗虫水稻、棉花、玉米、马铃薯等作物新品种，但本身还面临许多问题，有对人类的安全性、抗基因的漂移、次要害虫上升为主要害虫等方面的问题没有解决。目前国家正式设立了转基因中试及产业化基地，重点开展了玉米、水稻、大豆、苜蓿等作物的转基因研究，获得了一大批转基因植株材料，其中有转 GNA 基因抗蚜虫大豆品种。

6. 以菌治草：利用病原微生物防治杂草的技术，如我国用鲁保一号防治大豆。

7. 植物性杀虫、杀菌技术是新兴的技术：①光活化素类是利用一些植物次生物质在光照下对害虫、病菌的毒效作用，这种物质叫光活化素，用它们制成光活化农药，这是一类新型的无公害农药。②印楝素是一类高度氧化的柠檬酸，从印楝种子中分离出活性物质，具有杀虫成分。是目前世界公认的理想的杀虫植物，对 400 余种昆虫具有拒食绝育等作用，我国已研制出 0.3% 印楝素乳油杀虫剂。③精油就是植物组织中的水蒸汽蒸馏成分，具有植物的特征气味，较高的折光率等特性，对昆虫具有引诱、杀卵、影响昆虫生长发育等作用，也是一种新型的无公害生物农药。

8. 生化农药以昆虫生长调节剂产品为主，随着国外新品种的引进和推广，国内有关科研单位和企业也相继研究开发了一些新品种的生化农药，如灭霜素、菌毒杀星、氟幼灵、杀铃脲等。

病虫害物理防治方法

① 物理防治有哪些?

物理防治是利用简单工具和各种物理因素，如光、热、电、温度、湿度和放射能、声波等防治病虫害的措施。物理处理的方法有很多：覆盖防虫网、塑料薄膜、遮阳网等，阻止害虫和病原菌进入棚室，从而减轻病虫害发生。利用害虫对灯光、颜色和气味的趋向性诱杀或驱避害虫，如黄板诱杀蚜虫、白粉虱、烟粉虱；覆盖银灰色地膜驱避蚜虫等，都有明显效果；通过预备试验选择适宜的温度和处理时间，能有效地杀死病原物而不损害植物，如温汤浸种，杀灭或钝化病原菌，减轻病害发生；利用覆盖塑料薄膜进行高温闷棚，杀灭棚内及土壤表层的病原菌、害虫和线虫等。

人工捕杀害虫：对于活动性不强、危害集中或有假死的害虫，如金龟子、银纹夜蛾幼虫、象鼻虫，可以实行人工捕杀。

灯光诱杀：对有趋光性的磷翅目及某些地下害虫，可利用诱蛾灯或黑光灯诱杀。

毒饵诱杀：利用害虫的趋化性诱杀害虫，如用炒香的麦麸拌药诱杀蝼蛄，糖醋酒液诱杀小地老虎等。

图 11-1 诱虫灯

图 11-2 驱避蚜虫的银灰色地膜

颜色诱杀：悬挂黄色粘虫板、黄色机油板或悬挂银灰膜诱杀或驱避某些害虫。

高温灭菌：如用 55~60℃温水浸种。可杀死种子内外潜伏病菌；用电热器进行土壤消毒，可减少土传病害。

汰除浸种：汰除是根据病、健种子在重量和形态上的差异，清除混杂于种子中的病原物。根据不同病害，可采用筛选和风选等方法或汰除机械除去病原物，也可以用清水、盐水或泥水等漂除病原物。汰除法能去除小麦粒线虫虫瘿、小麦腥黑穗病菌菌瘿、小麦赤霉病菌炳粒、油菜菌核病菌菌核和大豆菟丝子种子等，还能同时消除种子中的大量空瘪粒，有利于防病增产。凡是用泥水、盐水浸过的种子都要用清水洗净，然后再晒干播种。

嫁接换根：可防治瓜类枯萎病、黄萎病、青枯病和线虫病等土传病害，减少蔬菜病害发生。

设施防护：棚室蔬菜夏季扣上遮阳网和防虫网，防止害虫入侵。根据害虫的活动习性，人为设置障碍，阻止其扩散蔓延和为害。例如，给果实套袋可防止果树食心虫产卵和幼虫蛀害；树干涂胶、涂白，可防止一些害虫产卵为害；在瓜秧的根茎周围铺砂或废纸，防止黄守瓜产卵；在粮堆表面覆盖草木灰、糠壳或惰性粉，可阻止蛀粮害虫的侵入；根据虫体与谷粒体积和比重不同，采用过筛或吹风等措施使粮、虫分离。

辐射处理：应用辐射能直接杀死病原菌、害虫，或使害虫生殖生理紊乱而不育。核辐射在一定安全剂量范围内有灭菌作用，一般用于处理储藏期的农产品和食品，达到防腐保鲜的目的。常用的 60CO-γ 射线穿透力强，成本低。用 r～射线（60Co～r）1.25KGy 剂量照射玉米种子，可杀死种子内的细菌性枯萎病菌。用 γ 射线、红外线、激光等物理技术灭虫。

② 物理防治的优点和缺点

物理防治一般具有简便有效、成本低、作用少，并且在某些环节上常常是唯一经济有效的措施，对于一些目标害虫，如仓储害虫的防治，就是利用物理的方法防治。但有些方法较为原始，效率较低，只能作为辅助措施或应急手段。

延展阅读

飞蛾为何会扑火？

20 世纪 70 年代，我国种植业大量地使用化学农药防治虫害等，但是在防治虫害的同时一部分农药直接或间接的残存在农产品、畜产品、水产品以及土壤和水体中，造成农药残留，而高毒农药残留的农产品和食品会导致人和牲畜中毒。农产品的出口也因为农药残留问题遭到禁运。

病虫害物理防治方法

我国在解决温饱问题后，人民生活水平不断提高，对食品安全的重视越来越高，而农药残留问题则是人们关注的首要问题。如何达到既无污染又可以防治病虫害的目的，成了农业发展中重要的问题。理化诱控技术这种新型绿色环保技术在农业领域的应用，避免了以往需要喷洒大量农药杀死虫害，而造成环境问题。

理化诱空技术是绿色防控技术的一种，是利用昆虫信息素制成杀虫灯、黄板、篮板等防治蔬菜、果树和茶树等农作物害虫，积极开发和推广应用植物诱控、食饵诱杀、防虫网阻隔和银灰膜驱避害虫等理化诱控技术。而且杀虫灯、黄板等理化诱控技术的使用成本低、用工少、效果好副作用也最小。采用这种诱控防治技术，既可以控制虫害和虫媒病害，也不会造成环境污染和环境破坏。

古人成语"飞蛾扑火"描述的是昆虫的趋光性。灯光诱虫杀虫技术就是利用生物的趋光性诱集并消灭害虫，从而防治虫害和虫媒病害。灯光诱虫是专门诱杀害虫的成虫，降低害虫的基数，使害虫的密度和落卵量大幅度的降低，从而减轻对农作物的危害。采用灯光诱虫由来已久。从20世纪60年代开始，就有应用紫外灯（黑光灯）诱杀大豆、高粱、谷子等的害虫。20世纪70年代中国农村在集

体所有制条件下，种植业就开始推广使用煤油灯诱虫，有
交流电源条件的地方，也有用白炽灯、普通荧光灯或紫外
灯诱虫，后来又有高压汞灯、双波灯、频振灯、节能灯、
节能宽谱诱虫灯、LED 灯诱杀害虫的研究与应用。杀虫灯
的有效范围是以害虫可见诱虫光源的距离为半径所作的圆，
一般距离大约是 80—100 米，有效面积大约 30—45 亩，
由于各种害虫的视力有差异，为了确保杀虫灯的使用效果，
一般都把杀虫灯的有效范围确定为 20—30 亩。而黄板技
术的应用是通过昆虫的趋黄性的原理制作的。

人鼠斗争——杀鼠剂的变迁

① 最古老的杀鼠药——砷

鼠类属啮齿目动物，其生理结构突出特点是门齿特化，适于咬啮。上下颚只有一对锐利的且无齿根能终生生长的门齿。鼠类繁殖快，数量多，分布广，适应性强，可传播多种疾病，造成重大经济损失。全世界有鼠类1700余种，我国有鼠类约160种。地球上家栖鼠类的数量大大超过所有的人口数。据估计，鼠的数量是人口数的4倍。鼠类带有多种疾病的病原体，可传播57种人类的疾病。在古代，我们的祖先生活和生产活动等方面，深受鼠害困扰。充满智慧的祖先们，自此开启了与鼠斗争的绵长历史。

《山海经》中存有关于礜石（含砷矿石）毒鼠的记载。礜石有毒，《说文》云："礜，毒石也，出汉中。"《山海经·西山经》说："（皋涂之山）有白石焉，其名曰礜，可以毒鼠。"因为可以药鼠，所以白礜石《吴普本草》一名鼠乡，特生礜石《别录》一名鼠毒。

礜石、特生礜石、苍石皆可以确定为砷黄铁矿(Arsenopyrite)，又名毒砂，化学组成为FeAsS。这种矿石常呈

图 12-1　礜石

银白色或灰白色，久曝空气中则变为深灰色，此所以有白礜石、苍礜石、苍石、青分石诸名。

　　对于礜石条《别录》说："火炼百日，服一刀圭。不炼服，则杀人及百兽。"王奎克在"砷的历史在中国"一文中的解释也很有道理："礜石在空气中氧化或缓慢加热时，会生成有毒的砷酸铁（$FeAsO_4$）。高温煅烧时，则所含的砷和硫分别成为气态的氧化砷和二氧化硫被除去，剩下的残渣主要是无毒的氧化铁（Fe_4O_3）。但这残渣中会含有少量尚未分解的礜石或新生成的砷酸铁。当以残渣入药时，这少量的砷化合物就可以起无机砷剂的作用，例如促进红细胞增生，杀灭疟原虫等。"

　　礜石之所以能够杀死老鼠，是因为其中含有砷（As），但是砷（As）本身毒性不大，其化合物、盐类和有机化合物都有毒性，尤以三氧化二砷（As_2O_3）又名砒霜、信石，毒性最强。公元前5—3世纪我国的战国时期已能用毒砂（砷黄铁矿）、砒石等含砷矿物烧制砒霜，并知"人食毒砂而死，蚕食之而无优"。李时珍在《本草纲目》中记载砒霜毒性很强。砒霜是最常见的砷化物，口服50 mg即可引起急性中毒，60—600 mg(一般200mg)可致死，儿童的最低致死量为1 mg/kg体重。现代研究证实人体摄入少量的As，可以治疗血液疾病。

② **化学杀鼠剂的诞生及发展**

除了含砷的无机杀鼠剂外，硫酸钡、磷化锌等也可以作为杀鼠剂使用，另外很多天然植物也是早期人们使用的杀鼠剂，例如红海葱、马钱子等。但这些天然植物和无机化合物作为杀

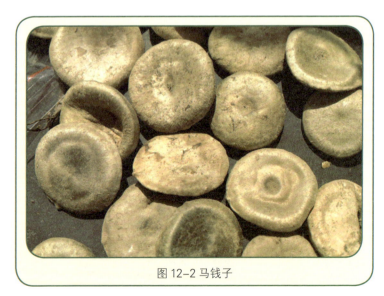

图12-2 马钱子

鼠剂来说，具有药效低、选择性差的缺点。于是随着有机化学的发展，人们逐渐将研发杀鼠剂的重点转移。

1933年，第一个有机合成的杀鼠剂甘伏问世，不久，又出现了合成的杀鼠剂氟乙酸钠、鼠立死、安妥等毒性更强的杀鼠剂，但是这类品种都是急性单剂量的杀鼠剂，在施药过程中需一次投足量使用，否则，就易产生拒食现象。

1944年，林克等在研究加拿大牛的"甜苜蓿病"时发现双香豆素有毒，后来合成第一个抗凝血性杀鼠剂杀鼠灵。为杀鼠剂开辟了一个新的领域。这类杀鼠剂与之前的杀鼠剂相比，具有鼠类中毒慢，不拒食，可连续摄食造成累积中毒死亡，对其他非毒杀目标安全的特点，因此，这些杀鼠剂很快就在害鼠的防治中占有了举足轻重的地位。但随着这类杀鼠剂用量的增加和频繁使用，在20世纪50年代末期鼠类对这类杀鼠剂就形成了严重的抗药性及交互抗性，使其应用效果受到严重影响。而且由于是慢性累积性毒物，鼠类致死需6~7天并需连续多次投放毒饵，不便于杀灭田野中的害鼠，不久又相继在英国等欧美国家发现抗杀鼠灵的褐家鼠 (*Rattus norvegicus*) 种群，其使用范围和效果都急剧下降。因此各国又重新使用和研制急性杀鼠剂，一些较好的杀鼠剂被研制出来并投入使用，如毒鼠磷、灭鼠安、灭鼠优等。但是急性杀鼠剂常不能安全控制局部地区的鼠患。

20世纪70年代中期，英国首先合成了能克服第一代抗凝血性杀鼠剂抗性的药剂鼠得克，随之，法国也合成了溴敌隆，此后，一些类似的杀鼠剂也相继合成并投入生产，这类杀鼠剂不仅克服了第一代抗凝血杀鼠剂需多次投药的缺点，且增加了急性毒性，对抗药性鼠类毒效好，使用时可一次投毒或间歇投毒，在大规模防治鼠害中得到广泛使用，称为第二代抗凝血性杀鼠剂。现已开发的抗凝血杀鼠剂主要有两大类，即香豆素类和茚满二酮类，前者如杀鼠灵、杀鼠迷、大隆等，后者如敌鼠、氯敌鼠等。

最早用作驱鼠剂的是 1932 年美国渔业和野生动物研究所研制的 96A（一种硫磺和铜盐的混合物），用来驱避野兔和保护林木。20 世纪 50 年代开始对驱鼠剂进行系统性的研究，先后对 6500 种化合物进行了筛选和现场试验。其中发现胺类、氰化物、二硫化物以及其他含有氮、硫或卤素根的化合物对褐家鼠有驱避作用。随着对驱鼠化合物的筛选以及作用机理研究的深入，又相继发现了一些新的驱鼠物质，像肉桂酰胺类、辣椒素、福美双等，并应用到生产实际中。基于雄性不育法在昆虫控制方面的巨大成功，Knipling 在 1959 年首先提出使雄鼠不育来控制鼠类。Davis 在 1961 年提出使用鼠类化学不育剂。此外，熏蒸剂、引诱剂也有所研究，但投入使用者并不多。

目前，我国已引进并试制成功大多数灭鼠药物。过去广泛使用的急性杀鼠剂，如磷化锌、氟乙酰胺、氟乙酸钠、甘氟、毒鼠磷、灭鼠优、鼠立死、毒鼠硅、灭鼠宁、灭鼠安、安妥等，其特点是毒性大、作用快，但都具有二次中毒现象。实践证明，虽然这类杀鼠剂的使用面积不大，但杀死了很多有益天敌，人畜中毒事件也屡见不鲜，同时，害鼠对所用药剂容易产生抗药性和拒食性，导致防效明显下降，且对环境造成了污染。

利用不育剂来控制害鼠种群，是鼠害防治过程中的一大创新，并逐步受到重视。我国科技工作者在这一方面做了大量工作，并对化学不育剂进行了深入的研究。由吉林省黄泥河林业局、东北师范大学、国家林业局森林病虫害防治总站多位专家经 7 年艰苦努力研制成功了"鼠用植物性不育剂"。庄凯勋等专家对"鼠用植物性不育剂"进行了推广试验，并首次应用该植物不育剂大面积控制人工林鼠害，取得了较理想的效果。

13 人类斗蝗史

① 蝗灾何所来?

蝗灾，是一种对农业生产可造成巨大损失的生物灾害，过去曾被列为与水灾、旱灾并重的三大自然灾害之一。明代著名农学家徐光启曾说："凶饥之因有三：曰水，曰旱，曰蝗。地有高卑，雨泽有偏被，水旱为灾，尚多幸免之处，惟旱极而蝗，数千里间草木皆尽，或牛马毛幡帜皆尽，其害尤惨，过于水旱者也。"

我国已知蝗虫在1000种以上，其中对农、林、牧业可造成危害的约60余种。对禾本科植物可造成较大危害的蝗虫主要有东亚飞蝗（Locusta migratoria manilensis）、稻蝗、蔗蝗（Hieroglyphusspp.）和尖翅蝗（Epacromiusspp.）等。危害豆类、马铃薯、甘薯等作物的种类有短星翅蝗、苯蝗、负蝗（Aractomorphaspp.）等。棉蝗和负蝗可危害棉花。竹蝗（Ceracrisspp.）可严重危害竹林。在广大牧区，危害牧草的种类也很多，主要有西伯利亚蝗、戟纹蝗（Dociostaurusspp.）、小车蝗（Oedaleus spp.）、牧草蝗（Omocestus spp.）、雏蝗（Chorthippus spp.）、痂蝗（Bryodema spp.）以及意大利蝗等，大发生时可严重为害牧草和农作物并直接影响农牧业的发展。根据我国几千年来史籍的记载，造成农业上毁灭性灾害的蝗虫，主要就是飞蝗，并认为干旱与飞蝗同年发生的机遇率或相关性最大，其次为前一年干旱以及先涝后旱，蚂蚱成片；蝗虫灾害与水、旱灾害常此起彼伏，交替发生，一直是严重威胁我国农业生产、影响人民生活的三大自然灾害。80年代以来，受全球异常气候变化和某些水利工程失修或兴建不当以及农业生态与环境突变的影响，东亚飞蝗在黄淮海地区和海南岛西南部频繁发生，每年发生面积约100万—150万公顷，涉及9省的100多个县，农业生产受到严重威胁。1985—1996年的12年间，东亚飞蝗在黄河滩、海南岛、天津等蝗区连年大发生。1985年秋，天津北大港东亚飞蝗高密度群居型蝗群将10多万亩苇叶和几百亩玉米穗叶吃光后，于9月20日中午起飞南迁，蝗群东西约宽30余公里，降落到河北省的沧县、黄骅、海兴、盐山和孟村5个县和中捷大港两个农场，波及面积达250万亩。这是新中国成立以来群居型东亚飞蝗第一次跨省迁飞。

1998年，东亚飞蝗的夏蝗在山东、河南、河北和天津等8省发生在80万公顷以上。1999年，东亚飞蝗的夏蝗在山东、河南、河北和天津等9省又发生80万公顷以上。蝗虫又肆虐河南，受灾面积237.5万亩，部分地区蝗虫密度达到4000余只/米^2，面积之大，虫口密度之高，是河南25年来所未见。虽然已经控制了其危害，但必须加强扫歼并监测夏季残余成虫的产卵区域，准确了解并掌握秋蝗发生和水、旱发展趋势与气象动态，并及时做好秋蝗和三代飞蝗的防治工作，以减少飞蝗发生的面积与数量。

亚洲飞蝗主要分布在新疆、青海、内蒙古和陕、甘、晋、冀等省的北部某些河谷与滨湖地带。新疆的塔城地区1983—1984年和1986年均发生群居型飞蝗危害，1987年在阿勒泰地区发生群居型飞蝗46群，平均密度1000—2000头/米²，发生面积约5.15万公顷。新疆蝗虫受灾面积达3005万亩，在塔城阿勒泰地区密度达每平方米上万只。

西藏飞蝗于1928—1952年间，在西藏曾有45处发生蝗灾，1846—1857年则连续12年发生蝗灾，并波及18个地区，重者连年庄稼颗粒无收，青稞、麦子亦荡然无存，草场则寸草无收。1970、1974、1979、1988和1991年，西藏飞蝗先后在林芝、米林、白朗、拉萨、林周和达孜等地暴发为害，严重影响了农牧业的生产。1988年6月19日，米林县强那区发生群居型西藏飞蝗1000多亩，并飞越雅鲁藏布江为害青稞。1999年，在拉萨、日喀则等地部分地区也发生了高密度的飞蝗群。

20世纪80年代以来，我国10多省部分稻区发生稻蝗460多万平方百米。竹蝗对南方竹林为害达300万平方百米以上。至于我国北方牧区及农牧交错区的各季草场的蝗虫，其发生特点是种类多、密度大、面积大。据不完全统计，1985年最大发生面积可达2000多万平方百米。近十几年来，常年受灾面积约 460 多万平方百米，实际防治面积约 100 万平方百米左右。1998 年，我国牧区及农牧交错区的新疆维吾尔自治区的伊犁、阿尔泰以及内蒙古自治区草原均发生了高密度蝗群，发生面积达数百万公顷以上。1999 年，新疆维吾尔自治区的伊犁、阿尔泰、昌吉、巴里坤等地区上报的蝗虫发生面积约 4000 万亩，发生蝗虫种类主要为意大利蝗、戟纹蝗、西伯利亚蝗、黑条小车蝗等，发生密度 600—8000 头 / 米^2，个别地区可高达 10000 头 / 米^2。各蝗区已经分别采取超低量制剂、微孢子虫、招引纷红椋鸟和牧鸡治蝗等多种方法进行了治理。

此外，1984 年，在澳大利亚仅因澳大利亚灾蝗的大发生就造成直接经济损失达 100 万—200 万美元。自 1985 年年底以来，非洲许多国家和地区发生了多种蝗虫同时猖獗，并造成了极为严重的经济损失。在美国西部的 17 个州，每年因草原蝗虫所造成的草场损失约为 800 万美元。1999 年在俄罗斯的中部、东西伯亚南部等 20 多个州、里海附近以及与哈萨斯坦接壤等地区，已有 100 万平方百米农田遭到蝗虫袭击。

两千多年来，人民在识蝗、治蝗的过程中形成了丰富多彩的文化。人们的认识和治理办法有科学的、唯物的，也有迷信的、唯心的，不管怎样，我们都可从中发现历史的事实、认识的演进和文化的多姿。我国古代大诗人白居易即有一首专门描述捕捉蝗虫的诗。

捕蝗

白居易

捕蝗捕蝗谁家子，天热日长饥欲死。

兴元兵后伤阴阳，和气蛊蠹化为蝗。

始自两河及三辅，荐食如蚕飞似雨。

雨飞蚕食千里间，不见青苗空赤土。

河南长吏言忧农，课人昼夜捕蝗虫。

是时粟斗钱三百，蝗虫之价与粟同。

捕蝗捕蝗竟何利，徒使饥人重劳费。

一虫虽死百虫来，岂将人力定天灾。

我闻古之良吏有善政，以政驱蝗蝗出境。

又闻贞观之初道欲昌，文皇仰天吞一蝗。

一人有庆兆民赖，是岁虽蝗不为害。

② 古代治蝗法

在中国几千年的历史发展中，人民在饱受蝗灾之苦的同时，为了生存，也同蝗虫开展了几千年的斗争，并创造出许多非常宝贵而又很有效的治蝗方法。此处列几个有代表性的治蝗方法予以介绍：一是人工治蝗法。主要方法有：驱、扑、焚、瘗四大治蝗办法。驱主要是指用声音、颜色、石灰等多种方式驱赶蝗虫成虫的方法；扑主要指人工使用树枝等扑打蝗蝻或将蝗蝻围起来人工扑打；焚主要指将使用明火烧或用烟熏蝗虫的方法；瘗指挖沟焚瘗蝗蝻法，把蝗虫赶到沟内，且焚且埋的方法。其他如，收买蝗虫、挖掘破坏蝗虫卵块、人吃蝗虫，还有迷信祭祀祈求蝗虫不入境等。二是生物治蝗。如保护鸟类、野鸭、蛙类等捕食蝗虫，使用糖水发酵繁殖蝗瘟菌用于蝗虫之间互相传染，使用寄生蜂类、螨类消灭蝗虫等。三是药剂治蝗。如用煤油避蝗、砒霜等治蝗。

③ 现代的治蝗方法

建国初期（1949—1965 年），我国全面推广"六六六"粉治蝗，使用"改治并举，根除蝗害"的治蝗方针；蝗虫大发生阶段（1959—1966 年），全面开展药剂防治，并大面积开展飞机灭蝗；生态改造蝗区阶段（1967—1984 年），在蝗区垦荒种植进行生态改造，降低蝗区面积治蝗；蝗情回弹阶段（1985—2001 年），应急化学防治为主，生态改造为辅的治理策略；蝗情缓解，可持续治理阶段（2001 年—至今），制定了以生态控制为基础、生物防治为重点、应急化学防治为补充的蝗灾可持续控制策略。

随着我国经济社会的发展和科技水平的提升，如今的治蝗技术比较丰富和完善。在施药技术方面，飞机和大型施药器械得到广泛应用，推动了超低量喷雾技术和科学用药水平的提升，提高了蝗虫防控的效率和效果；在绿色防控技术方面，随着绿僵菌、蝗虫微孢子虫、印楝素、苦参碱等生物农药的大面积应用，减少了化学农药的使用，蝗区生态环境得到持续改善；在防控信息化方面，开发了蝗虫防控指挥信息系统和蝗区勘测与蝗虫调查设备，实现了蝗区信息、蝗情信息、防治信息的精准定位，为推进蝗虫可持续治理工作夯实了基础。

昆虫生长调节剂
——"21世纪的农药"

① 昆虫生长调节剂的发现

昆虫生长调节剂（Insect Growth Regulators，简称IGRs）是通过抑制昆虫生理发育，如抑制蜕皮、抑制新表皮形成、抑制取食等最后导致害虫死亡的一类药剂。由于其作用机理不同于以往作用于神经系统的传统杀虫剂，毒性低，污染少，对天敌和有益生物影响小，有助于可持续农业的发展，有利于无公害绿色食品生产，因此被誉为"第三代农药""21世纪的农药""非杀生性杀虫剂""生物调节剂（bioregulators）""特异性昆虫控制剂（novel materials for insect control）"。由于它们符合人类保护生态环境的总目标，迎合各国政府和各阶层民众所关注的农药污染解决途径这一热点的需求，成为杀虫剂研究与开发的一个重点领域。

科学家们发现，昆虫体内产生的变态激素包括保幼激素和蜕皮激素，其功能各有不同，保幼激素能保持幼虫的特性，而蜕皮激素则促进幼虫变成成虫，昆虫的正常生长发育是两种激素协调作用的结果。

蜕皮激素。它是一种甾体化合物。1954年研究人员首次

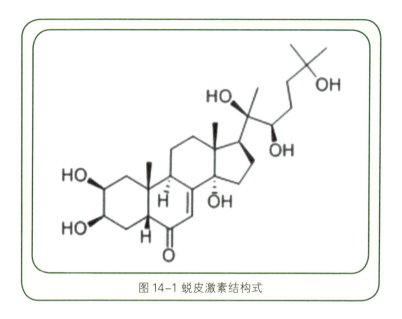

图 14-1 蜕皮激素结构式

从蚕蛹中得到蜕皮激素的结晶。1962 年日本科学家从台湾罗汉松中，首先发现了对昆虫有生物活性的植物源蜕皮甾醇。以后，各国科技工作者发现很多植物中，存在着活性不同的蜕皮激素，如多种蕨类植物、种子植物中的罗汉松属、际均松属、紫杉属、三花草属、牛膝属、千日红属、桑属、麻花头属等多种植物等，这些植物均可以成为蜕皮激素的商业来源。

保幼激素。它是一种重要的激素，在昆虫变态发育中起着重要的作用。目前，已发现昆虫体内有三种保幼激素。1965年，有人在试验中发现，用铺有纸的培养皿中饲养椿象，到6—7 龄的幼虫反复蜕皮，不能形成成虫。为什么呢？原来，所铺的纸原料是一种香脂冷杉纸浆，含有保幼激素。科学家

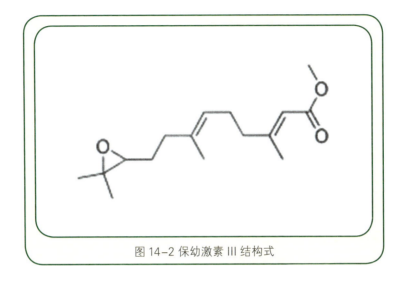

图 14-2 保幼激素 III 结构式

从这种纸浆中分离出一种油状物质——枞木酸甲酯，并命名为
保幼酮。接着，有人从塞科罗比亚蚕雌成虫腹部提取出一种
倍半萜类物质，这是从花中提取精油时的常见成分。例如胶
枞能合成 (+) 一保幼二酮，这种物质在某些昆虫体内能破坏幼
虫成熟的正常过程，使其不发生变态，形成大量的幼虫致死。
在这之中，(+) 一保幼二酮起着类似保幼激素的作用。此外，存
在于很多植物中的法尼醇，也具有保幼激素的活性，亦能影响
昆虫形态变化。

目前，用于农业害虫防治的昆虫生长调节剂，是按各种昆
虫内激素（蜕皮激素和保幼激素等）的化学结构，人工合成的
昆虫激素类似物，包括蜕皮激素类似物、保幼激素类似物，以
及抗保幼激素和几丁质抑制剂等。其中保幼激素类似物和几丁

质抑制剂已广泛应用到农林业害虫的防治上，并展现了其广阔的应用前景。

② 为什么昆虫生长调节剂能防治害虫？

在正常情况下，昆虫激素分泌出正常的量才能维持正常的生长与发育。如果其中一种激素在一个"失常"的时间内过量地存在，发育就会停止或变得不正常。例如，昆虫自身分泌的蜕皮激素是调节控制昆虫变态的一种信息物质。昆虫对蜕皮激素相当敏感，外源低剂量的蜕皮激素能扰乱昆虫体内的正常代谢过程，使昆虫提早蜕皮或变态而成为微小成虫或畸形个体。人们利用人工方法化学合成蜕皮激素，作用于农业害虫，使其提前或延迟某一个生长阶段的发生，避开或错开农作物最易受到害虫取食的时期（如稻、麦的苗期、果树的挂果期、豆类的结果期），使它无以为食；或者使害虫的某个生长阶段恰逢不利的季节、气候环境（如低温、干旱少雨），降低生存率。

昆虫体内的保幼激素能保持幼虫形态。利用人工合成的保幼激素能使害虫的生长发育紊乱，停留在幼虫期不再变为成虫，无法进入性成熟期，不能繁殖后代，从而减少田间下一代害虫的密度。这一类农药已经用于防治蚊、蝇等卫生害虫。保幼激素对鳞翅目、半翅目、鞘翅目和直翅目等昆虫极少量就能产生很高的毒效，从而引起昆虫的不育甚至死亡。美国

Recom 公司率先人工仿制了昆虫保幼激素，施于蚊子幼虫，可使其无法化蛹成蚊；昆虫保幼激素随饲料喂牛，蚊蝇叮血或吸吮其粪便后，也会抑制发育而死亡。

昆虫信息素通常是指生物体为了使同种生物的其他个体做出特定行为反应而释放的化学物质，其功能是为了交尾、报警、攻击等行为发出信号。将昆虫信息素这些特性用于害虫的综合治理，已经出现较为成功的应用范例。如利用性信息素诱集成虫，造成田间雌雄之间的比例失衡，从而减少了雌雄交尾的机率，造成产卵率锐减，下一代的虫口密度降低。将人工合成的性信息素，通过不同的剂型，在田间大剂量释放，造成空间弥漫，从而使得雌雄成虫之间寻觅困难，造成产卵率锐减，下一代的虫口密度降低。

蚜虫在受到天敌的捕食或寄生而感到危险时，从腹管中分泌出能使周围蚜虫逃逸的物质，即报警信息素—这是蚜虫的防御体系功能。将极少量的蚜虫报警信息素加入到常规农药中同时喷洒，蚜虫在报警信息素的刺激下，从栖息地逃逸，在逃逸过程中主动触及农药，从而在动态中被杀灭。实验结果表明，在麦田使用农药防治麦蚜时，使用少量蚜虫报警信息素与农药协同作用，灭蚜效果至少可达95%以上（高于对照田），可增产小麦3%—7%，且农药的使用量可节省25%—50%以上。

昆虫生长调节剂的应用前景

当今，环境保护、农业可持续发展和"绿色化学"日益重要，因此全球范围内各大农药公司都在致力于研究和开发新型农用化学品，昆虫生长调节剂的开发成为今后研究和开发的重点。近些年来，研究和开发昆虫生长调节剂已经取得了极大的进步，新品种不断地被开发，有些已经开始大面积的推广使用。虽然这种昆虫生长调节剂也有弊端，但它的选择性较好，对人畜安全性较高，如果使用得当，对害虫的天敌影响较小，具有明显的选择毒性，因此适合于害虫的综合治理策略，前景可观。伴随着人们对农药概念的改变和理解、逐日加强的环境意识以及对有害生物的综合防治策略实施水平的进一步提高，昆虫生长调节剂会在不久的将来扮演越来越重要的角色，开发和应用前景良好。除此之外，对昆虫生长调节剂的研究还可以扩大其研究领域，在综合治理中使杀虫剂发挥更大的作用。

未来农药之路

　　农药广泛应用于农业生产的产前和产后，将世界农作物的产量有效提高了3倍，为农业的发展做出了巨大贡献。同时，农药是人类主动投放环境的有毒有害化学品，它是一把双刃剑，对环境健康具有严重威胁。农药所带来的负面作用也逐渐被人们所认识，如农药的不合理使用，可能造成人畜中毒、环境污染、杀害有益生物、破坏生态平衡、昆虫出现抗药性、植物出现药害以及农药残留超标等。这些负面作用影响着农产品的产量和质量，影响着人类健康，从而影响农业、农村经济的可持续发展和国家的粮食安全。

　　农药的发展也从来不是一帆风顺的，发展过程中出现了问题，人们便通过禁用限用措施或者开发新的农药来应对问题的出现。总的来说，农药的发展呈现出螺旋式上升的过程，现代农药安全性在不断提高，但仍无法规避毒害化学品的特质。所以，人们的农药理念逐渐发生了变化，从强调杀死有害生物，逐渐过渡为调控、驱避有害生物，调节作物生长。最为理想的农药应该是与环境和谐的农药。它应该具有以下特征：对人类健康安全无害、对环境友好、高选择性、低用量、生产工艺绿色环保。这样，人和自然能够和谐发展，农药从简单杀死变成主动调控，人类对病虫害防治从"必然王国"迈入"自由王国"。

　　不过就目前而言，化学品农药短期内仍然不能被替代，我们应该对其怀有敬畏之心，规范使用，不盲目接触农药。农业是大平台，耕作技术和病虫害防治是平台外的两条线，农业的发展始终离不开与病虫害作斗争。保护环境、保护生态是当今趋势，农药也在根源处（农药登记时）就开始向着环保、低毒发展。21世纪的农药从源头就进行管控，未来的农药一定是多元的。